4610

S.918.

4610   21887

HISTOIRE
NATURELLE
DES
ABEILLES;
TOME SECOND.

HISTOIRE
NATURELLE
DES
ABEILLES;

Avec des Figures en Taille-Douce.

TOME SECOND.

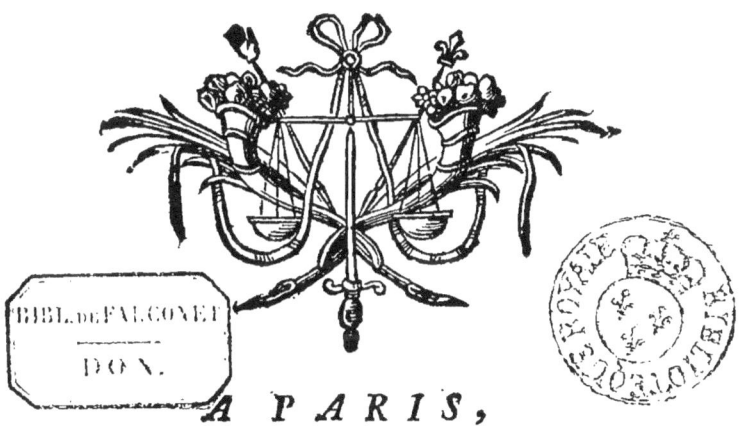

A *PARIS*,
Chez les Freres GUERIN, rue S. Jacques, vis-à-vis les Mathurins, à Saint Thomas d'Aquin.

M. DCC. XLIV.
Avec Approbation & Privilége du Roi.

HISTORY
NATURAL
OF
STAINED

TABLE
DES ENTRETIENS
Contenus dans le Second Volume.

XI. ENTRETIEN. Suite de l'Origine & de la Nature de la Cire. L'usage que les Abeilles en font, tant pour leur nourriture, que pour la construction de leurs Alvéoles. Description d'une Alvéole, Page 1.

XII. ENTR. Continuation des Alvéoles. Des fautes que les Abeilles y font. Comment elles y mettent la derniére main. Dimensions d'un Alvéole. Des Gâteaux d'un Alvéole Royal, 51.

XIII. ENTR. De l'origine du miel; de sa récolte; des deux estomacs de l'Abeille. Des magasins de miel. Différentes qualités des miels, 91.

XIV. ENTR. Des Travaux, & des occupations des Abeilles dans la Ruche, 137.

XV. ENTR. Des Essaims, 179.

XVI. ENTR. Des ennemis des Abeilles & des Insectes qui mangent la Cire, 225.

XVII. ENTR. De la meilleure maniére de tirer le miel & la cire des Ruches sans faire périr les Abeilles. De la nécessité de les garantir du froid & de la faim pendant l'Hyver & le Printems, 275.

XVIII. ENTR. Des moyens d'augmenter considérablement le commerce de la Cire. Du produit des Ruches. Des Voyages que l'on fait faire aux Abeilles, 339.

iv TABLE DES ENTRETIENS.

XIX. ENTR. *Des précautions qu'il faut prendre pour faire prospérer les Abeilles. Des Maladies des Abeilles ; de leur mort naturelle,* 375.

Fin de la Table des Entretiens du Tome Second.

HISTOIRE

HISTOIRE
NATURELLE
DES ABEILLES.

XI. ENTRETIEN.

Suite de l'Origine & de la Nature de la Cire; l'usage que les Abeilles en font, tant pour leur nourriture, que pour la construction de leurs Alvéoles. Description d'un Alvéole.

CLARICE.

'A I si mal réussi le dernier jour à dire mon sentiment, que je vois bien, Eugene, qu'il ne m'appartient pas encore de faire

la sçavante. Ecouter avec attention, voir de tous mes yeux, & garder un respectueux silence; ce sont les dispositions que j'apporte à l'Entretien d'aujourd'hui.

Eugene. Vous avez tort, Clarice. Pour apprendre il faut voir, écouter, demander, dire, contredire, & ne se rendre qu'à l'évidence.

Clarice. Ne peut-on pas aussi se rendre à l'autorité ?

Eugene. Sans doute. Mais il faut que la parole du maître à l'autorité duquel on défère, soit dans la classe des choses évidentes.

Clarice. Je m'en tiens-là. Ma confiance en vous, mon envie de sçavoir, & ma paresse, y trouveront leur compte.

Eugene. Je vous aurois dispensée du compliment, mais je ne vous dispense point de me faire des objections toutes les fois que vous en trouverez l'occasion.

Clarice. Cela sera fort facile, & assez de mon goût.

Eugene. Je ne vous dispense point encore de voir par vous-même tout ce qui se pourra voir. Car en matiére de faits, j'aime mieux la science que l'on puise par les yeux, que celle qui ne s'introduit que par les oreilles. Nous avons fini notre dernier Entretien par une Abeille, laquelle avant que d'arriver à la Ruche, avoit avalé toute la provision de cire brute, dont elle avoit fait la récolte. Mais ce n'est pas la maniére la plus ordinaire. Il arrive bien souvent que l'Abeille entre dans la Ruche, chargée de ses deux pelotes, & que fiére de cette provision, elle se proméne sur les gâteaux en battant des aîles, ou qu'elle s'y arrête sans discontinuer pour cela de les agiter de même sorte. Permis à vous de croire qu'elle annonce par ces signes, sa joie & son arrivée à ses compagnes, & qu'elle les invite à la venir débarrasser de son fardeau; la suite peut justifier ce soupçon, qui a toute la probabilité que peut avoir un geste animal. Car on voit bientôt trois ou quatre mouches qui s'arrangent autour d'elle, & travaillent officieusement à la soulager. Chacune prend entre ses dents sa petite portion d'une des pelotes. La premiére en prend une, un moment après elle en prend une seconde, puis une troisiéme, autant en font les autres: enfin elles ne quittent point la provision, qu'elles n'aient tout avalé.

CLARICE. Nos Mouches me semblent de grand appétit.

EUGENE. Ce n'est pas le besoin de satisfaire leur ventre, qui les presse. Ces repas précipités ne sont point tant pour vivre, que pour faire plus promptement une plus grande quantité de cire. Cela se confirme par le tems où cet empressement de manger est le plus vif; c'est toujours celui d'un nouvel établissement, celui où les Abeilles ont le plus de besoin de faire promptement un grand nombre d'alvéoles, & par conséquent prompte & ample provision de cire. Dans les tems où l'on n'est pas si pressé d'en faire, où les gâteaux sont déja en grand nombre, les pourvoyeuses ne rencontrent point de ces mouches obligeantes qui viennent les débarrasser en chemin; elles-mêmes ne sont pas si pressées de la façonner: elles se contentent de déposer cette matiére à cire, & de la mettre dans des magasins, dont je vous parlerai une autre fois. Suivons le sort de la cire brute avalée. Je vous ai déja dit que c'est dans l'estomac & les intestins de l'Abeille qu'elle devient de véritable cire. J'ajouterai que c'est dans son second estomac, car elle en a deux. La même ouverture qui lui a donné entrée lorsqu'elle étoit brute, est celle par laquelle elle sort, étant propre à être mise en œuvre. Voici comment j'ai reconnu que cela se faisoit ainsi. Muni d'une bonne loupe, je considérois attentivement une Abeille occupée à la construction d'un alvéole. J'ai vû que l'Abeille qui bâtissoit, ne se contentoit pas de faire agir ses deux dents l'une contre l'autre, ou plutôt contre la petite lame de cire qu'elles tenoient saisie ; elle me montroit au-dessous des dents, une partie charnue & blanchâtre, qui étoit dans un mouvement continuel, & extrêmement vif, qui étoit dardée en avant, & retirée en arriére, comme l'est souvent la langue d'un serpent, ou celle d'un lézard. Aussi cette partie étoit-elle la langue de la mouche ; sa figure varioit continuellement, elle étoit tantôt plus aigue, tantôt plus large & plus applatie, tantôt plus ou moins concave. Elle étoit quelquefois cachée en partie par une liqueur mousseuse, & quelquefois par une espéce de bouillie, que la langue aidoit par ses divers mouvemens à mettre hors de la bouche, & qu'elle employoit à allonger l'alvéole. Dès que cette bouillie ou pâte humide étoit séche, & elle l'étoit bien promptement, c'étoit de la cire telle que notre cire ordinaire. Je ne pouvois pas me tromper à décider que cette bouillie que l'Abeille dégorgeoit, étoit la cire même; dès que je me fus assuré en regardant travailler long-tems l'animal, que son ouvrage avançoit, que son alvéole s'allongeoit sans qu'il allât prendre de la cire sur aucun autre endroit de son corps, & que ses jambes n'en portoient point alors; que la bouillie feule qu'elle tiroit de fon intérieur, faifoit tout l'ouvrage. Il peut bien arriver que les raclures & les coupeaux de cire que les Abeilles détachent d'une cellule nouvellement conftruite, & qu'elles réparent, peuvent fervir à former fur le champ une partie d'une autre cellule; j'ai cru même voir des Abeilles occupées à les mettre en œuvre. Mais je fuis très-certain qu'elles ne fçavent employer que la cire nouvelle, & qui n'a pas encore eu le tems de fécher parfaitement; qu'elles ne peuvent plus faire aucun ufage de celle qui a acquis toute la perfection qu'un tems très-court lui donne.

Clarice. Allons à la preuve; car j'aime les faits.

Eugene. Il eft facile de vous en donner. Dans tous les tems de l'année, excepté celui où les Abeilles font engourdies de froid, si on leur offre du miel, elles vont le succer avec avidité; elles aiment mieux profiter de celui qu'elles trouvent tout ramassé & en quantité, que de l'aller chercher dispersé dans les fleurs par gouttes infiniment petites. Mais si on leur offre des gâteaux de cire, même dans des tems où elles ne trouvent pas à faire de récolte de poussiéres d'étamines, elles n'en tiennent aucun compte. Elles les hachent quelquefois, mais ce n'est qu'autant qu'ils sont un peu humectés d'un miel dont elles veulent profiter. Jamais elles ne s'avisent de porter la cire de ces gâteaux dans leurs Ruches. J'ai laissé des gâteaux bien dépourvûs de miel pendant près de cinq à six mois, tout auprès de mes Ruche, sans que les Abeilles les aient jamais endommagés.

CLARICE. Vous qui voulez que je tire la science de mes yeux plus que de mes oreilles, vous auriez bien dû me faire voir une Abeille dégorgeant de la cire pour construire un alvéole.

EUGENE. Pour vous donner cette satisfaction, il faudroit trois choses. Epier un moment qui n'est pas fréquent, où une Mouche construit un alvéole fort près d'un carreau de verre; il auroit fallu que cette Mouche fût dans une position favorable pour être bien vûe ; & enfin qu'elle ne fût point offusquée & embarrassée par les autres Mouches. Ces momens ne se peuvent rencontrer que par un Observateur plus maître de son tems que vous n'êtes du vôtre. Mais je m'en vais vous donner un autre expédient, plus prompt & plus facile. Nous avons ici plusieurs Ruches qui promettent de jetter bientôt. Donnez vos ordres pour être avertie lorsqu'un essaim ira s'attacher à un arbre.

Vous remarquerez qu'entre les Mouches dont il fera compofé, il y en aura très-peu qui auront de la cire brute à leurs jambes, & celles-ci ne feront que des Mouches qui revenant de la campagne, auront rencontré cet Effaim, & s'y feront jointes. Cependant auffi-tôt que vous aurez fait paffer l'effaim dans une Ruche, vous trouverez un petit gâteau de cire attaché à la place qu'elles auront quittée fur l'arbre. Or où ces Mouches auroient-elles pris la cire, pour faire ce petit gâteau ? finon dans leur intérieur. Car nous verrons dans bien des occafions que les Mouches qui ont de la cire toute faite dans leur eftomac, font toujours preffées de l'employer ; il femble qu'elle leur nuife, & que fouvent elles ne bâtiffent que pour s'en foulager.

CLARICE. Quand je verrois de ces petits gâteaux attachés aux arbres, ce ne feroit pas pour moi une preuve complette, j'y trouverois matiére à douter. Vous convenez que des Mouches paſſagères ſe joindront à cet eſſaim, & qu'elles auront de la cire brute à leurs jambes. Pourquoi ne voulez-vous pas que je croie que ces petits gâteaux de cire ſoient leur ouvrage?

EUGENE. Je pourrois vous faire voir le contraire par le volume des gâteaux qui, pour petits qu'ils ſoient, ſurpaſſeront toujours celui que pourroient former les pelotes de cire de ces Mouches paſſagères. Mais j'aime mieux vous donner encore un moyen plus facile, & qui ne vous laiſſera aucun ſcrupule. Faites paſſer des Abeilles d'une Ruche dans une autre, prenez-vous-y dès le matin, & avant qu'aucune Mouche ait encore ſongé à aller à la campagne. Alors ayant toutes été forcées de déménager bruſquement, elles n'emporteront point de cire brute à leurs jambes, ni sur aucune de leurs parties extérieures. Cependant si elles se trouvent bien de leur nouveau logement, vous trouverez dès le soir même des gâteaux de cire commencés, quoiqu'aucune Mouche ne soit sortie & rentrée pendant la journée. Le hazard me fit rencontrer un jour un événement à peu près semblable. J'avois fait passer un essaim dans une Ruche nouvelle. Pendant deux jours de suite, à commencer du moment de leur transmigration, il ne discontinua point de pleuvoir, & il ne fut pas possible à aucune Abeille de sortir pendant ces deux jours. Cependant au bout de ce tems, je vis un gâteau qui avoit plus de 15. à 16. pouces de long, & 4. à 5. pouces de large.

 CLARICE. Je suis plus contente de cette preuve.

Eugene. J'ai fait cent fois une observation qui fait voir à l'œil que la cire brute n'est point de la cire toute faite. Ces boules ou pelotes que les Abeilles rapportent des champs, sont rarement d'une couleur semblable. Les unes sont très-pâles, & presque blanches, d'autres jaunâtres : communément elles sont d'un beau jaune, d'autres sont d'une couleur orangée, d'autres rougeâtres, d'autres presque rouges, j'en ai vû de vertes. La cire mise en réserve dans les magasins, est pareillement de toutes ces couleurs, qui sont celles des étamines des fleurs, lorsqu'elles n'ont point été altérées ; c'est-à-dire, qu'elles n'ont point passé dans l'estomac de la Mouche. Cependant les gâteaux faits de ces cires brutes différemment colorées, ont tous une même couleur. Preuve évidente de l'altération considérable que les Abeilles doivent produire dans la cire brute. Cette altération peut être comparée à celle que notre eſtomac produit dans nos alimens. De quelque couleur que ſoient les alimens dont nous nous nourriſſons, fuſſent-ils noirs comme le caffé & le chocolat, notre eſtomac les convertit en un chyle blanc comme le lait. L'eſtomac des Abeilles fait la même opération ſur la cire brute. Tout gâteau nouvellement fait, eſt blanc, & ſouvent d'un blanc auſſi parfait que la plus belle bougie.

Clarice. Comment eſt-il arrivé que je n'en ai jamais vû que de jaunes ou de jaunâtres ?

Eugene. C'eſt que ces gâteaux qui ſont ſortis ſi blancs de la façon des ouvriéres, perdent peu à peu & aſſez promptement leur éclat dans les Ruches ; ils y jauniſſent, les plus vieux deviennent d'un brun qui approche du noir de la fuie. Les vapeurs qui tranfpirent du corps des Abeilles, de celui des vers, celles qui s'élévent du miel qui fermente & s'évapore, contribuent beaucoup à altérer la couleur de la cire.

CLARICE. Cela me paroît probable. Je préfume cependant qu'il y a quelque caufe plus fixe & plus interne qui donne cette couleur jaune, puifqu'il y a des cires qu'on ne peut blanchir par art comme on en blanchit d'autres.

EUGENE. Je vous accorde le fait, il n'eft que trop connu dans les blanchifferies, où l'on fçait qu'il y a des cires qu'on ne peut rendre d'un beau blanc. Il eft permis de foupçonner dans ce cas que la matiére propre à devenir cire, n'eft pas dans tous pays propre à devenir blanche, foit que l'air, foit que la qualité des plantes y contribue. Voilà, Clarice, tout ce que j'avois à vous dire fur l'origine ne de la cire, qui n'eſt autre choſe, comme vous venez de l'entendre, que les pouſſiéres des étamines des fleurs, avalées par les Abeilles, digérées dans leur eſtomac, & rejettées par leur bouche en forme de bouillie, qui devient, en ſe ſéchant, de la cire proprement dite, dont elles font des gâteaux ; que ces gâteaux font ordinairement très-blancs, qu'ils jauniſſent peu à peu, mais que l'on ſçait leur rendre leur blancheur dans nos blanchiſſeries pour en faire de la bougie.

Clarice. Vous m'avez fait plaiſir de me rapprocher toute cette ſuite d'opérations. Mais il y en a une autre que je n'ai pas aſſez compriſe, & dont je voudrois avoir une idée plus nette. C'eſt la façon dont les dents & la langue de l'Abeille s'y prennent pour former avec cette bouillie des lames de

Tome II. B

cire minces, & façonnées avec tant d'art.

Eugene. C'est une manipulation que je n'entreprendrai point de vous décrire. Il faudroit être Abeille, ou l'avoir été, pour s'en acquitter exactement. Tout ce que je puis vous dire, c'est que si vous y voulez comprendre quelque chose, vous n'avez qu'à aider votre imagination par une comparaison. Imaginez-vous qu'une Abeille est un Maçon ; son estomac l'auge dans laquelle il détrempe son plâtre & le rend coulant ; que sa langue est la truelle qui ramasse, gâche, & pose le plâtre ; que ses dents sont des mains qui le façonnent, & lui donnent la forme qui convient ; vous aurez une idée fort approchante de la manœuvre d'une Abeille qui bâtit un alvéole. Cette comparaison n'est pas noble pour l'Abeille ; mais elle est d'autant plus heureuse, que comme le plâtre est liquide lorsqu'on l'emploie, & que lorsqu'il est une fois sec, il n'est plus dissoluble à l'eau ; de même la cire sort liquide de l'estomac de l'Abeille, & mise en place, elle prend très-promptement une consistance qu'on ne peut plus lui faire perdre par aucun dissolvant. Le feu seul est capable non pas de la détruire, mais de la suspendre. Passons au second usage de la cire brute. Je vous ai dit dans un de nos premiers Entretiens, que les mâles ne vivoient que de miel, mais que les Abeilles ouvriéres ayant besoin d'une nourriture plus solide, faisoient un grand usage de cire brute. C'est un sentiment assez général parmi ceux qui font commerce d'Abeilles. En Hollande, en Flandre, dans le Brabant, on appelle la cire brute le pain des Abeilles. Des Auteurs qui ont fait des Traités sur les Mouches, ont jugé à propos de lui donner un nom plus noble, ils ne l'appellent que l'ambrosie; & afin que les Abeilles soient traitées en tout comme des Déesses, ils veulent que le miel soit du nectar. Pline lui donne des noms Grecs, qu'il vous importe peu de sçavoir.

Clarice. Dites plutôt qu'il m'importe beaucoup de ne les sçavoir pas; car ayant la mémoire heureuse, il pourroit m'arriver de me donner, sans le vouloir, le ridicule de m'en servir.

Eugene. Nous avons avancé que la cire brute sert d'aliment aux Abeilles: cela demande d'autant plus à être prouvé, que le grand Swammerdam, ce sçavant Scrutateur des faits & gestes des Abeilles, est d'un sentiment contraire. Cet habile Naturaliste ayant examiné d'une part la cire brute, & l'ayant reconnue pour n'être qu'un composé de petits grains,

& ayant jugé d'autre part que le diamétre de ces grains surpassoit de beaucoup celui de l'ouverture de la trompe, il en avoit conclu que les Abeilles ne pouvoient avaler la cire brute, & par conséquent qu'elles n'en vivoient point. Vous devez être en état, Clarice, en rappellant tout ce que je vous ai dit, de réfuter vous-même le sentiment de Swammerdam. Il ne tient qu'à vous d'en avoir l'honneur.

CLARICE. Je vais l'essayer ; voyons si je sçaurois bien répéter vos leçons. J'ai compris par la description que vous m'avez faite de la trompe des Abeilles, que cet organe n'est point un canal percé, ni une maniére de pompe propre à succer, mais qu'elle fait l'office d'une langue qui lappe les liquides ; qu'elle se sauce, pour ainsi dire, dans la liqueur miélée, & que par ses diverses inflexions elle la fait couler comme par une goutiére dans le gosier de l'insecte. Je me souviens que vous m'avez déja donné occasion de comparer l'Abeille à l'Eléphant : ce rapport qui me revient à la mémoire, se présente avec plus de justesse que je ne croyois d'abord. L'Eléphant boit par sa trompe, & mange par une bouche qui est au-dessous ; l'Abeille boit de même avec sa trompe, & mange par une bouche qui est au-dessus. Ainsi votre Naturaliste a eu tort de nier que les Abeilles fissent usage des poussiéres des étamines pour leur nourriture, fondé sur ce que leurs grains sont d'un diamétre plus grand que celui du canal de la trompe ; c'est comme si quelqu'un s'avisoit de nier que l'Eléphant ne fait point usage de pain ou de foin, parce que l'un & l'autre ne peuvent passer par sa trompe. Comment un si habile homme que Swammerdam, a-t-il pû tomber dans une pareille erreur ?

EUGENE. Je ne puis le justifier sur cet article, qu'en le condamnant sur un autre ; c'est-à-dire, qu'en avouant qu'il a ignoré l'existence de la bouche de l'Abeille ; il ne connoissoit d'autre organe pour le passage des alimens, que la trompe. Ainsi il raisonnoit juste suivant son préjugé, mais son préjugé n'étoit pas juste. Depuis que nous connoissons la bouche que je vous ai fait voir, & depuis que j'ai vû moi-même cette bouche en action pendant que la trompe étoit dans le repos, vous pouvez regarder comme une vérité constante que les Abeilles avalent la cire brute, non-seulement pour la convertir en vraie cire, mais encore pour en tirer leur nourriture. Ce n'est pas tout. Je veux vous faire voir que la quantité qu'elles en consomment pour vivre, est bien

Pl. IV.
Fig. 2.
lett. D.

au-delà de celle qu'elles conver-
tiſſent en cire, & bien au-delà encore de ce que vous pourriez croire; c'eſt-à-dire, qu'elles ſont de
terribles mangeuſes.

Clarice. Vous m'annoncez
quelque nouveau prodige qui ne
m'étonnera plus.

Eugene. Pour parvenir à connoître toute l'étendue de leurs beſoins du côté de l'appétit, il falloit calculer combien dans une
Ruche ordinaire, dans une Ruche
compoſée, par exemple, de dix-
huit mille Abeilles, combien ces
mouches faiſoient de voyages à la
campagne pendant une journée,
pour en rapporter de la cire brute.
Ce nombre des voyages m'a donné celui des pelotes de cire, & le
nombre des pelotes celui de leur
poids total, duquel déduiſant ce
qu'elles emploient à faire de la
vraie cire, le reſte eſt la quantité
conſommée pour leur nourriture.

Par

Par des expériences précédentes je m'étois assuré que dans une Ruche composée de 18000. Abeilles, elles faisoient chacune 4. à 5. voyages par jour, ce qui fait environ 84000. voyages, qui rapportent 84000. pelotes de cire. J'aurois pû, comme vous voyez, doubler le nombre des pelotes, puisque chaque Abeille en porte deux ; mais j'ai mieux aimé réduire le tout à moitié, pour m'éloigner d'autant plus du reproche de l'excès. Les pelotes de cire pesées avec exactitude, j'ai reconnu qu'il en falloit huit pour faire le poids d'un grain. En divisant 84000. par 8. on a donc le poids des pelotes de cire brute qui sont apportées pendant une journée, & ce poids est de 10500. grains. Or la livre n'est composée que de 9216. grains ; donc la récolte de cire brute faite dans une journée, pése plus d'une livre. Il y a dans une année plusieurs jours d'une aussi grande récolte ; il y en a souvent 15. à 16. de suite, soit vers la mi-May, soit vers le commencement de Juin ; enfin dans les jours moins favorables, les Abeilles ne laissent pas de rapporter encore de la cire brute dans la Ruche. Pendant 7. à 8. mois consécutifs que les Abeilles sortent, elles doivent ramasser plus de cent livres de cette matiére, & peut-être beaucoup plus. Cependant si on tire au bout d'une année la cire d'une Ruche semblable, on n'y trouvera peut-être pas deux livres de vraie cire. D'où vous pouvez conclure que les Abeilles n'extraient de la cire brute qu'une assez petite portion de véritable cire ; que la plus grande partie de cette matiére sert à les nourrir, & que le reste sort de leur corps sous la forme d'excrémens.

CLARICE. J'avois réservé mon admiration pour les Abeilles, mais je la partage en faveur de la manière ingénieuse dont vous avez sçu calculer ce qu'une Abeille mange de cire brute en un an.

EUGENE. Réservez votre admiration toute entiére pour le sujet dont nous allons parler. Vous n'en aurez pas trop pour rendre gloire à l'Auteur de tant de merveilles, que vont vous faire voir de chetifs animaux, de simples insectes; qui vous montreront des ouvrages que toute l'intelligence humaine n'auroit pas pû imaginer, & dont la structure admirable n'a été bien connue qu'après une étude opiniâtre de la plus sublime & transcendante géométrie. Je veux parler des cellules ou des Alvéoles. Maintenant que nous sçavons l'origine de la cire, passons aux édifices ausquels les Abeilles l'employent; à ces gâteaux composés d'Alvéoles même. Le premier objet que les Abeilles ont en vue lorsque tout est préparé pour commencer leurs édifices, c'est d'employer la cire, & le petit terrain dans lequel elles se renferment avec le plus d'œconomie qu'il est possible, & cependant d'en tirer tout le plus grand parti. On ne sçauroit leur refuser ce point de vue, toutes leurs démarches y tendent, la perfection de leur ouvrage n'est que cela. Pour parvenir plus aisément à connoître l'intelligence avec laquelle elles conduisent leur travail, imaginons d'abord ce que nous aurions fait nous-mêmes, si l'Auteur de la Nature, après avoir créé les Abeilles, nous eût laissé le soin de les loger conformément aux besoins que nous leur connoissons. Nous jugerons par les fautes que nous eussions faites, & qu'elles ne font point, de l'excellence de leur manœuvre. Ne perdez pas de vue, Clarice, ces trois points cardinaux sur lesquels tout l'ouvrage doit rouler. 1°. D'employer le moins de cire qu'il est possible. 2°. De donner aux alvéoles la plus grande capacité qu'ils peuvent recevoir sur un diamétre déterminé. 3°. D'employer tellement le terrain, qu'il n'y en ait point de perdu. La premiere idée qui seroit venue à tout homme non géométre, chargé de ce détail, & qui n'auroit jamais vû de Ruches, auroit été de faire des tuyaux ronds qu'il auroit posés les uns sur les autres. C'est ainsi que les font plusieurs Insectes, à qui la matiére ne coûte rien à préparer. Mais le Fabricateur des tuyaux ronds auroit bronché dès le premier pas ; il auroit manqué à une des conditions, à celle de ménager le terrain. Car vous concevez facilement que des tuyaux ronds posés l'un contre l'autre, ne se touchent pas par tout leur contour, mais laissent entre eux des vuides considérables, qui font autant de places perdues. Je m'en vais tracer devant vous ma pensée sur le sable, à mesure que je vous la développerai. Supposé que tous *Pl. XII.* *Fig. 1.* ces cercles soient les embouchures d'autant de tuyaux. Vous voyez qu'il reste des vuides considérables entre chacun. Premiere faute. Comme il faut que ces tuyaux soient fermés par un bout, & ouverts par l'autre, notre Architecte n'auroit pas manqué d'y mettre un fond de cire, & de quantité de tuyaux ainsi bouchés & accolés ; il auroit fait un gâteau comme font les guêpes, & comme je le fais moi-même avec ma canne, en dessinant par terre quatre tuyaux *Ib. Fig. 2.* *let.* A. B. C. D. qui ont chacun un fond qui se regarde. Seconde faute. Les Abeilles lui auroient appris que deux gâteaux adoſſés n'en font plus qu'un, & que par ce moyen un ſeul fond ſuffit pour deux alvéoles, dont l'un eſt d'un côté, l'autre de l'autre. En voici la preuve. Cette figure vous fait voir quatre *Ib. Fig.* tuyaux, dont chaque pair a un *3.* fond commun. Le même homme *let. A &c* eût fait ſans doute les fonds plats pour dépenſer moins de cire, comme font ceux que je viens de faire. Troiſiéme faute. Il faut l'envoyer à l'école des Abeilles, il y apprendra que des fonds pyramidaux, tels que font ceux de ces ſix alvéoles que je vous trace ici, *Ib. Fig.* ſe font avec moins de cire que des *4.* fonds plats; & combien d'autres fautes n'auroit-il pas faites, que l'Abeille évite avec une habileté ſurprenante, ainſi que vous l'allez voir? Mettons devant vos yeux cette portion d'un gâteau, & rai- *Pl. IX.* ſonnons ſur vû de piéces. Il faut, *Fig. 2.* comme vous le voyez, que leurs

C iiij

cellules s'appliquent toutes les unes contre les autres, fans laisser entre elles aucun vuide. Il eſt vrai que des triangles & des quarrés *Pl.* XII. ſemblables à ceux-ci, auroient *Fig.* 5. produit le même effet. Mais le triangle & le quarré ayant un air moins grand que le cercle ſous un *Ib. Fig.* même diamétre, auroit laiſſé 1. moins d'eſpace à l'Abeille pour ſe *let.* A.B. loger commodément, & auroit en même tems eu le défaut de conſommer plus de cire. Il falloit donc choiſir une figure telle que ſous un même contour elle eût plus de capacité que le triangle & le quarré, & que la dépenſe en cire fût moins grande. Je ſuis bien ſûr que l'Abeille n'a point pris la régle & le compas pour trouver cette figure, mais nous en avons eu beſoin pour apprendre ce qu'elle fçait en naiſſant; fçavoir qu'en conduiſant la ſuite des poligônes depuis le triangle juſqu'au cercle, l'exagône ou figure à six pans, est la derniere de toutes dont on peut assembler tel nombre que l'on voudra, dont toutes les faces se joindront, qui ne laisseront point de vuides entre elles, & qui auront une plus grande capacité que les figures qui auroient moins de pans. C'est-là précisément la figure que l'Abeille a choisie, & par-là elle a rempli toutes ses vues. 1°. L'œconomie de la cire, puisque le contour d'un alvéole sert de contour à ses voisins. 2°. L'œconomie du terrain, puisque ces alvéoles, qui se touchent, ne laissent aucun vuide entr'eux. 3°. La plus grande capacité possible, puisque de toutes les figures qui peuvent se joindre, c'est celle à six pans qui donne la plus grande aire.

CLARICE. Je vous ai fort bien compris, & cependant sans secours de géométrie ni de problême.

EUGENE. Nous n'étions pas au plus difficile, mais nous y allons venir. Il faut que ces tuyaux soient fermés par un de leurs bouts. Il convient aux Abeilles qu'ils ne le soient pas par des fonds plats, mais que ce soit en creux pyramidal. Quoique vous ayiez sous vos yeux des alvéoles, quoiqu'en les brisant vous en puissiez voir toutes les parties intérieures, vous n'en comprendriez pas aisément toute la science & toute l'industrie, si je ne les accompagnois pas de quelques explications, que la lecture, l'expérience, & de longues observations m'ont apprises. Mais il seroit bon pour cela que vous voulussiez vous prêter un moment au style géométrique que je ménagerai autant qu'il vous conviendra.

CLARICE. Il me convient que vous le supprimiez absolument, vous me donneriez la migraine. Tirez-vous d'affaire comme vous pourrez; je ne veux que des termes vulgaires, des démonstrations à la portée des enfans.

Eugene. Il faut se soumettre à vos ordres, & puisqu'il vous plaît ainsi, nous allons faire ensemble des petits châteaux de cartes qui seront les plus jolis du monde. Ce qui me console, c'est que si quelqu'un nous surprend, vous n'aurez point de reproches à me faire, puisque c'est vous-même qui me réduisez à cela. Coupons donc premiérement cette carte à jouer en trois parties égales. *Pl.VII. Fig. 1.*

Clarice. Que voulez-vous faire ?

Eugene. Un alvéole de carte, comme j'en ferois pour votre petite fille.

Clarice. A la bonne heure, divertissez-vous.

Eugene. Plions un de ces trois morceaux en deux suivant sa longueur. Coupons ensuite un des *Fig. 2.*

bouts de ce morceau plié en bec. Déplions-le. Vous voyez qu'il finit en pyramide, & que le pli que nous avons fait forme une espéce d'arrête, qui partage ce morceau en deux espaces égaux. Remarquez ce pli, car nous en aurons besoin par la suite. Traitons de même, c'est-à-dire, plions & coupons les deux autres morceaux de la même carte. Ouvrons-les, mais non pas entiérement, afin que le pli que j'ai appellé l'arrête, paroisse faire deux morceaux d'un seul. Posons présentement ces trois morceaux debout à côté l'un de l'autre. Assemblons-les ensuite en cercle, comme si nous en voulions faire un tuyau. Chacun de ces trois morceaux étant partagé en deux par son pli, vous voyez que notre tuyau est formé de six piéces planes, lesquelles en font un exagône ou figure à six pans. Voilà un alvéole d'Abeille

Fig. 3.
Fig. 4.
let. A.

Fig. 5.
Let. E,
F, G.
Fig. 6.

Fig. 5.
& 6.
let. a.

DES ABEILLES. 37

depuis son ouverture qui est en
bas, jusqu'au lieu où doit com- *Fig. 6.*
mencer son fond pyramidal. Ces *let. B.*
Fig. 6.
trois morceaux assemblés en *let. c.*
tuyau, finissent par trois pointes
triangulaires, qui laissent trois es- *Fig 6.*
paces vuides entre elles. Que fera *let. E, f,*
G.
l'Abeille pour remplir ces vuides,
& terminer en même tems son alvéole par une pointe unique ou
espéce de chapiteau qui soit aussi
pyramidal. Elle me l'a enseigné,
& je vais vous le représenter avec
nos cartes. Vous sçavez, ou pouvez sçavoir, que deux triangles *Pl.*
assemblés, base contre base, font *VIII.*
ce que l'on appelle un lozange. *Fig. 7.*
let. a B.
Les trois vuides qui sont à remplir, ne le peuvent être que par *Fig. 9.*
trois triangles renversés; l'alvéo- *let. E f*
G.
le doit être terminé par un fond
creux & pyramidal à trois faces,
composé de trois lames triangulaires, dont les bâses s'applique-
ront sur les bâses des triangles

renversés. Il vous faut donc faire six triangles, dont les trois inférieurs serviront pour remplir les vuides, & les trois supérieurs pour former le chapiteau ou fond pyramidal. Mais pour nous épargner de la peine, au lieu de six triangles, faisons avec nos cartes trois lozanges, comme l'Abeille en fait avec sa cire, ils feront le même effet. Les voilà. Vous voyez qu'ils nous donnent ces six triangles dont nous avions besoin, trois droits & trois renversés, qui ne font cependant que trois piéces. La partie triangulaire inférieure de chaque lozange, remplit exactement un des vuides triangulaires du tuyau; & la partie triangulaire supérieure des mêmes lozanges, lorsqu'ils seront réunis par leurs pointes, formera cette pyramide creuse qui fait le fond ou chapiteau de l'alvéole. Laissez tomber ce petit chapiteau,

Fig. 9.
let. P,
P, P.
let mm
m m,
m m.

Fig. 8.
& 9.
Lett. P.

Ib. lett.
P.

qui est composé de trois lozanges, vous verrez que les trois parties inférieures des trois lozanges, iront s'ajuster dans les vuides du tuyau pour le remplir exactement. Voilà très-grossiérement la figure complette d'une cellule d'Abeille. *Fig. 9. lett. P, P, P.*

CLARICE. Voyez quelle étoit votre obstination, de vouloir absolument m'assommer de termes terribles, pendant que vous aviez un moyen si simple de vous expliquer, & de vous faire entendre. Je vous ai si bien compris, que si mes Abeilles oublioient l'art de faire des alvéoles, je suis en état de leur apprendre leur métier. Avec deux cartes à jouer, & une paire de cizeaux, je leur en ferois leçon.

EUGENE. Ne vous pressez pas si fort de triompher de vos lumiéres. Vous tenez le méchanique des alvéoles; mais les raisons du méchanisme, les sçavez-vous?

Clarice. Vous m'arrêtez tout court. Vîte des cartes. Tenez voilà des cizeaux, coupez, taillez, montrez-moi les raisons.

Eugene. Votre vivacité me charme. Les instrumens sont faits pour peindre les figures; mais pour développer les raisons des figures, il faut autre chose que des outils. Ce n'est qu'avec des paroles que l'on exprime des pensées.

Clarice. Hé bien, paroles soit. Sçachons ces raisons.

Pl. VIII. Fig. 9. lett. P, P, P. *Eugene.* Remarquez que ces lozanges ont deux angles plus ouverts que ceux d'un quarré parfait, & deux qui sont plus aigus. Les Abeilles observent de donner à ces deux grands angles 110 dégrés, & 70. aux deux petits.

Pl. VIII. Fig. 9. *Clarice.* Je crains bien qu'il n'y ait là de la géométrie; mais comme je comprends ce que c'est qu'un angle plus ouvert qu'un autre, je vous le passe. *Eugene.*

Eugene. Les Abeilles ne s'écartent point de cette régle autant qu'elles le peuvent, suivant laquelle elles taillent leurs lozanges.

Clarice. Cela est admirable, mais je ne vois point encore la raison de cette figure.

Eugene. La voici. C'est l'épargne de la cire.

Clarice. Hé, qu'est-ce que des lozanges taillés sur un patron plutôt que sur un autre, ont de commun avec l'épargne de la cire ?

Eugene. C'est-là précisément la grande difficulté que je vous expliquerai de mon mieux. Lorsqu'on compare grossiérement une cellule à fond plat avec une cellule à fond pyramidal, on n'apperçoit pas, & même on refuseroit de croire que la cellule à fond plat, est de toutes les cellules celle qui consomme le plus de cire. Il est pourtant démontré, & démontré par la géométrie, que les Abeilles œconomifent la cire en préférant les fonds pyramidaux. C'étoit bien affez que les Abeilles euffent découvert cette admirable propriété, que peut-être fans elles ignorerions-nous encore; elles ont cependant porté leur vûe géométrique encore plus loin. Il y avoit du choix à faire parmi les fonds pyramidaux pour connoître ceux qui vont le plus à l'épargne de la cire, & les Abeilles l'ont fait. Elles ont reconnu qu'entre les cellules de même capacité, & à fond pyramidal, celle qui peut être faite avec moins de cire, eft celle dont chaque lozange a deux angles oppofés de 110 dégrés, & les deux autres angles de 70.

CLARICE. Vous me feriez devenir folle avec vos angles, vos dégrés, & vos fonds pyramidaux. Voudriez-vous me faire croire que c'étoit par œconomie que nos ancêtres portoient des chapeaux pointus, & qu'il entroit moins d'étoffe dans ces pains de fucre, que dans des chapeaux plats comme vous les portez aujourd'hui.

Eugene. Je voudrois vous faire comprendre, fans vous fâcher, une chofe qui eft très-vraie, c'eft qu'un chapeau pointu, conftruit fuivant les régles que nous ont enfeigné les Abeilles, iroit plus à l'épargne de l'étoffe, que ceux qui font plats, & tels que nous les portons. Voici comme cela fe prouve. Il faut d'abord partir d'un théorême qui nous conduira à un problême.

Clarice. Vous avez raifon, il faut partir, mais c'eft d'ici, car je vois bien que le démon de la géométrie vous obféde. Pour le conjurer, changeons de difcours, & gagnons le château; en chemin faifant, vous me répondrez à la difficulté fuivante. Comment des alvéoles qui font pyramidaux, peuvent-ils s'ajufter avec les alvéoles qui leur font oppofés, & qui font pyramidaux auffi. S'ils fe rencontrent par leur pointe, leurs fonds ne font plus communs, il n'y a plus par conféquent de ménage de cire de ce côté-là, il doit même fe trouver de grands vuides qui confommeront bien du terrain inutilement.

Eugene. Vous auriez raifon fi cela étoit ainfi, mais vous devez juger par tout ce que les Abeilles ont fait jufqu'à préfent, qu'elles ont prévû cet inconvénient, & qu'elles ont fçû le parer. La maniére même dont elles s'y font prifes, eft d'autant plus ingénieufe qu'elle eft plus fimple. Les petites pyramides qui terminent toutes les cellules d'une face, s'engrainent avec celle de la face oppofée; enforte que les trois lozanges qui font le fond d'une cellule d'une des faces, font en même tems, & chacun à part, un des lozanges de trois cellules adoſſées. Par ce moyen les cloiſons étant communes, la cire eſt beaucoup épargnée, & il n'y a nul terrain perdu. Voulez-vous voir cela par vous-même? Prenons ce gâteau, piquez une épingle dans chacun des lozanges qui forment le fond d'une cellule. Voyons préſentement par la face oppoſée, quel eſt le rendez-vous des pointes de nos trois épingles.

Pl. VIII. *Fig.* 10.

CLARICE. Il eſt vrai qu'elles ont percé toutes trois dans trois cellules différentes. Je ne vous nierai point, Eugene, que je ne ſois faiſie d'étonnement à la vûe de cet admirable ouvrage. Que de ſi petits animaux, que de vils Inſectes faſſent des choſes dont la beauté, l'élégance, & la régularité, ſont le terme de la raiſon humaine la plus éclairée, & la plus exer-

Fig. 11.

cée par l'étude des sciences sublimes, cela me confond. J'ai de la peine à concilier des vûes si profondes avec cette espéce de raison méchanique que je crois être la seule faculté qui conduit les bêtes.

Eugene. Je ne vois pas que cela dérange rien dans votre systême. Celui qui a appris à l'enfant qui vient de naître à faire une pompe de sa bouche pour tirer le lait de sa nourrice, sans lui avoir donné pour cela la connoissance de la Pneumatique, a appris à l'Abeille à faire un alvéole sans géométrie. C'est dans la perfection même de l'ouvrage de l'Abeille que je trouve un fort argument contre le paralléle que l'on veut faire de la raison des animaux avec la nôtre. Qu'est-ce que la raison humaine ? C'est une faculté qui d'abord est imbécille, puis qui se développe peu à peu, qui acquiére des lumiéres, qui se perfectionne plus ou moins par le travail & l'usage que l'on en fait ; elle naît ignorante ; elle a besoin d'être instruite, & on l'instruit. La bête au contraire naît parfaite, autant qu'elle peut être ; elle sçait tout ce qu'elle a besoin de sçavoir ; en arrivant au monde, elle sort de la main de son Auteur toute façonnée, comme un outil sort de la main d'un ouvrier. L'Abeille d'un jour est aussi parfaite géométre que l'Abeille d'un an. Cette différence entre notre raison, & la raison ou instinct des animaux, comme on voudra l'appeller, suffit pour faire comprendre que l'une n'est pas l'autre ; qu'elles ont l'une & l'autre des principes différens, que l'une & l'autre sont deux mystères de la Nature, & qu'il faut attendre à connoître celle des bêtes, quand nous connoîtrons bien la nôtre ; ou que le mieux enfin, comme nous en convinmes l'autre jour, feroit d'adorer en silence les secrets du Créateur.

CLARICE. Votre réflexion est très-juste. Retirons-nous sur ce trait de morale, nous emporterons avec nous l'utile joint à l'agréable. Je vous donne rendez-vous à demain pour parler d'autre chose. Quel sera le sujet de notre conversation ?

EUGENE. Ce seront encore les alvéoles, car il s'en faut bien que cette matiére soit épuisée. Vous venez de voir la science profonde, & l'étonnante industrie de nos petites ouvriéres. Mais vous ne sçavez pas qu'elles font encore quelque chose de plus, elles se méprennent, & se redressent; elles font des fautes, & les corrigent; elles trouvent des obstacles, & les surmontent. Vous n'avez pas pris garde que l'œconomie de la cire les engage à faire les parois,

&

& les fonds de leurs alvéoles si minces, qu'on auroit de la peine à concevoir que ces petits édifices fussent capables de soutenir le poids de leur corps, leurs mouvemens continuels, & leurs amas de miel, si on ne sçavoit qu'au besoin elles ont l'industrie de les étayer & de les fortifier. Vous n'avez point vû réparer, perfectionner, donner la derniére main aux logemens: nous avons à connoître toutes les dimensions des cellules, & la disposition des gâteaux: nous n'avons encore rien dit des cellules royales. Vous pouvez juger par ce détail, que la matiére ne nous manquera pas.

XII. ENTRETIEN.

Continuation des Alvéoles ; des fautes que les Abeilles y font ; comment elles y mettent la dernière main. Dimensions d'un Alvéole. Des gâteaux d'un Alvéole Royal.

EUGENE. Vous rêvez, Clarice, bien profondément. Vous n'êtes pas apparemment encore revenue de la surprise où vous a jetté la science prodigieuse de nos petits animaux.

CLARICE. Je ne prétends point en revenir, elle me porte trop directement à reconnoître la présence d'un Créateur : spectacle qui m'est toujours cher, & que je ne me lasse point de voir renouveller. Mais nos Abeilles m'ont

E ij

donné occasion de faire des réflexions qui m'occupoient, & dont il faut que je vous fasse part. Depuis notre séparation vos alvéoles ne sont point sortis de ma tête, non plus que mon admiration pour un ouvrage si parfait. Je n'ai cessé de voir en idée une Mouche, maniant sa matiére comme feroit un ouvrier, taillant des lozanges sous de certains angles déterminés, toujours attentive à l'œconomie de sa cire. En considérant en moi-même cet animal appliqué sur son ouvrage, allant sûrement à ses fins, & par les meilleures voies, j'étois continuellement tentée de lui accorder un jugement ou raisonnement, & même une suite de raisonnemens tels qu'il nous les faudroit, & tels que peu de Sçavans parmi vous sont capables d'en avoir. Dans l'extase où cela me jettoit, je me trouvois honteuse de me voir forcée de céder le pas en matiére d'esprit à des bêtes. Mais le moyen de résister à la tentation des syftêmes, sur-tout quand il y va de notre honneur : il faut que celui-ci m'échappe encore ; il ne peut que tourner à la gloire du Créateur. Votre comparaison du Muficien eft venue à mon fecours, en revenant à ma mémoire ; je la goûte tout-à-fait, & par elle je comprends très-bien comment il fe peut faire qu'un animal fans raifon agiffe comme s'il en avoit, & même de la plus fublime. Il m'arrive fouvent en jouant fur mon claveffin, de ne penfer nullement à ce que je fais. Je jouerai quand vous voudrez les Bergeries, ou les Abeilles de Couperin, en caufant avec vous de tout ce qu'il vous plaira. Il n'y aura donc plus alors que mes doigts qui joueront, la penfée fera diftraite, l'efprit, le raifonnement, la volonté même y auront très-peu de part, ils feront tous employés à vous entretenir ; mes doigts une fois mis en train, exécuteront feuls un ouvrage qui vaut prefque un alvéole, & ils l'exécuteront très-machinalement. Je puis donc me vanter d'avoir formé des doigts automates, des doigts qui vont jouer un air de claveffin, fans que je me mêle de leur conduite, fans que ma raifon ait befoin d'y intervenir. Pourquoi refuferons-nous au Créateur le même pouvoir de créer des animaux capables d'exécuter fans raifon les ouvrages les plus compofés & les plus induftrieux ?

Eugene. Je fuis charmé de vous avoir donné occafion de raifonner fi jufte. Vous avez mis ma comparaifon dans un point de lumiére très-brillant. Ce feroit grand dommage fi j'allois l'affoiblir par ce qui me refte à vous dire. Cependant quelque chofe qui puiffe lui en coûter, il faut voir si elle peut se soutenir jusqu'à la fin. Suivons l'Abeille jusqu'au bout de son ouvrage. Quelqu'exactitude, quelqu'esprit de géométrie que nous reconnoissions dans les Abeilles, ces cellules à six pans ne sont pas toujours exemptes de fautes. Il arrive souvent que dans le même alvéole il y aura plusieurs de ces pans qui seront plus larges que les autres, & ce qu'il y a de singulier, c'est que ces irrégularités sont toujours plus considérables vers le fond que vers l'ouverture. Il semble que l'Abeille s'en apperçoive, & qu'elle cherche à les corriger à mesure qu'elle achéve son ouvrage. L'inégalité des pans en produit aussi dans les lozanges, qui ne sont pas toujours aussi réguliers qu'ils devroient être. Nous ne serions point étonnés si nos ouvriers manquoient d'adresse dans l'exécution d'un ouvrage aussi fin

& aussi délicat; mais nous pouvons l'être que les Abeilles y fassent des fautes.

Clarice. Pourquoi ? En suivant votre comparaison je n'en dois pas être plus surprise, que si mes doigts que j'ai instruits à jouer un air de clavessin sans moi, manquoient quelque note.

Eugene. Il est vrai. Mais ne le feriez-vous pas beaucoup si ces mêmes doigts après s'être mépris, se corrigeoient d'eux-mêmes, & si ayant fait un faux ton, ils se redressoient par une tierce, ou par une quinte, ou par quelqu'autre ton qui rétabliroit l'harmonie, & cela sans le concours de votre volonté, & sans que vous en eussiez connoissance.

Clarice. C'est ce que je ne crois pas possible.

Eugene. C'est cependant ce que font nos Abeilles. Lorsque les inégalités deviennent trop grandes dans une cellule, foit par leur faute, foit par quelque circonftance dont elles n'ont pas été les maîtreffes, elles fçavent les fauver en ajoutant ou retranchant fur la cellule fuivante. Ainfi les irrégularités ne vont jamais en augmentant. Si, par exemple, un fond pyramidal a été trop étendu, elles en laiffent une petite portion au fond pyramidal fuivant qui en profite; elles font le contraire dans le cas oppofé. Il leur arrive des méprifes qui peuvent paroître bien plus confidérables. On trouve quelquefois des fonds pyramidaux, qui au lieu d'être compofés de trois lozanges fuivant la régle, le font de quatre piéces, & de ces quatre piéces il n'y en aura que deux qui auront quatre côtés, les trois autres en auront plus ou moins. Nos Mouches fçavent donc fe méprendre, elles peuvent manquer de donner au premier lozange, la grandeur & les angles qui lui conviennent ; mais aussi elles sçavent remédier à leurs méprises, elles ajustent alors plus de piéces les unes contre les autres, afin que la pyramide prenne une figure qui s'éloigne le moins qu'il est possible, de celle qu'elle auroit dû avoir. Elles font plus encore, elles s'accommodent au tems & aux lieux. Lorsqu'elles sont contraintes par l'inclinaison des parois des Ruches, ou autres hazards, d'abandonner la ligne droite, elles s'y soumettent en donnant à leurs petits tubes, ou pour vous parler plus clairement, à la cavité de leurs alvéoles, une courbure proportionnée. Ce qui fait qu'on rencontre quelquefois des alvéoles qui ont l'air d'un tuyau courbé : Ajustez cela à présent avec cette comparaison qui vous plaît tant. Voyez si l'automate peut revenir sur lui-même, ou se détourner à propos pour rajuster les choses qu'il a manquées.

CLARICE. Je n'y vois rien d'impossible. Voici comme je le conçois. J'ai accoutumé mes doigts, je les ai instruits & disposés à aller sans guide, à exécuter seuls avec exactitude & précision, certains mouvemens combinés & réglés. Sont-ils en train, je détourne mon attention de dessus eux, je les laisse aller sur leur bonne foi, & ils vont, sans s'écarter de la premiére impression. Il est vrai qu'ils peuvent s'en écarter, que cela leur arrive souvent, & que lorsqu'ils s'écartent, c'en est fait, ils sont déroutés, & incapables de se remettre. Mais il suffit que cela ne leur arrive pas toujours pour pouvoir dire que nous sçavons faire des automates. Ils ne sont pas si parfaits à la vérité, que l'Abeille. Hé! qui sommes-nous pour comparer notre foiblesse à la puissance suprême ? De ce que nous ne pouvons faire mieux, en conclurons-nous que l'Auteur de la Nature ne peut pas faire des automates qui aient des ressources que les nôtres n'ont pas ?

Eugene. Ce discours philosophique mérite pour le moins un remercîment de ma part, puisqu'il a pour but de défendre une comparaison qui m'étoit échappée. Nous sommes tombés-là sur une matiére qui a déja été bien débatue, & sur laquelle nous aurions de la peine à dire quelque chose pour ou contre, qui n'ait été dit. Je crois que nous ferons mieux de retourner à nos alvéoles. C'est ce que je vais faire. Comme la récolte & la préparation de la cire coûtent beaucoup aux Abeilles, il leur importe extrêmement de la bien œconomiser, & nous venons de voir avec quelle science elles le font. Je vous ferai remarquer de plus que cette raison d'œconomie les engage à tenir les parois de leurs alvéoles minces, à un point qui demandoit que la solidité de la construction suppléât au peu de matiére. Il n'est point de papier aussi fin que le sont les piéces du fond, & les pans de la cellule. Cependant ces cellules doivent être capables de résister à tous les mouvemens des Mouches qui y entrent, & qui en sortent continuellement. Ce qui a le plus à souffrir, sont les entrées des cellules, elles sont plus fortement & plus fréquemment attaquées. Les Abeilles aussi ne manquent pas de les fortifier. Elles ajoutent tout autour de la circonférence de l'ouverture un cordon de cire, qui rend ce bord trois ou quatre fois plus épais qu'il ne seroit s'il n'avoit que l'épaisseur des pans. On trouve même ce cordon aux cellules qui ne sont qu'ébauchées; il est plus épais dans les angles que partout ailleurs ; ce qui fait que l'ouverture de la cellule n'est pas un exagône parfait. La construction d'un alvéole n'est point pour une Abeille l'ouvrage d'un moment. De quelqu'adresse qu'elle soit douée, quelque diligente & vive qu'elle soit dans le travail, ce n'est qu'avec le tems, & bien de la peine qu'elle peut dresser les parois de sa cellule, & les rendre aussi minces qu'ils doivent être. Elle ne les jette pas en moûle. Si l'Abeille qui bâtit une cellule, vouloit d'abord la rendre aussi mince qu'il est nécessaire, elle n'y réussiroit pas. Cette partie trop foible pour résister au poids & aux mouvemens des mouches, se briseroit ; aussi l'Abeille lui donne-t-elle de la solidité, du massif, beaucoup au-delà de ce qu'il convient qu'il lui en reste, sauf à retrancher par la suite suivant le besoin. Ce retranchement est un soin réservé à d'autres mouches, dont la fonction est de limer, pour ainsi dire, de réparer & de polir ce qui est encore brut, d'y mettre la derniére main. C'est l'emploi du plus grand nombre de nos petites ouvriéres en cire. Il est aisé de les voir occupées à ce travail, qui est presque de tous les jours & de toutes les heures.

CLARICE. Si cela est aisé, c'est donc mon affaire. Laissez-moi le plaisir d'en faire la découverte; & de vous apprendre ce que vous sçavez mieux que moi. Baissons-nous sur notre Ruche. Observons tous deux; mais que ce soit moi qui parle. Il n'est pas juste que vous ayiez toute la peine. Je vais vous dire comment les Abeilles réparent les Alvéoles. Il me semble effectivement que j'en vois une qui ratisse ou qui rabote. Je ne suis pas encore bien au fait de leur art pour me fervir du terme propre. Elle travaille heureufement à l'entrée de fa cellule, & je découvre très-bien fa manœuvre. Elle fait aller fes dents avec une vivacité prodigieufe, elle gratte les parois. Là voilà qui détache de petits fragmens de cire qui font faits comme des coupeaux. Mon Menuifier ne s'y prend pas mieux. Elle les réunit, & les met en boule. En voilà vraiment une qui eft groffe comme la tête d'une épingle. La mouche s'envole, & l'emporte avec elle. L'ouvrage ne languit point ici. En voici une autre qui vient prendre fa place dans le même moment, elle s'enfonce un peu plus avant, apparemment pour travailler au fond. Je juge par fes mouvemens qu'elle fait la même opération. J'ai jugé jufte, elle part comme l'autre avec fa boule.

Eugene. Vous avez fort bien obfervé,

observé, Clarice, & bien vû comment les Abeilles réparent leurs alvéoles. Passons à quelques autres détails. Voulez-vous sçavoir sans beaucoup de peine combien un gâteau contient d'alvéoles. La chose est fort facile. Prenons pour exemple ce gâteau qui est devant nous. Ne comptons que le premier rang des cellules. Il y en a comme vous voyez, vingt sur une même ligne. Mesurons cette ligne. Elle a quatre pouces. Notre gâteau a quinze pouces de long, & dix pouces de large. Tous les alvéoles qui ont jamais été, & qui seront jamais, ont tous constamment 2 lignes $\frac{2}{3}$ de diamétre. Toutes ces quantités connues, une simple régle de multiplication vous apprendra qu'il y a neuf mille alvéoles sur la surface de ce gâteau. Je ne vous parle que des cellules des Mouches ouvriéres, car les cellules des fauxbourdons étant plus grandes, & leur diamétre étant de 3 lignes $\frac{1}{3}$, les vingt couvriroient une ligne de cinq pouces six lignes un peu plus.

CLARICE. Vous dites donc que tous les alvéoles passés & futurs, ont eu, & auront toujours constamment deux lignes $\frac{2}{5}$ de diamétre ?

EUGENE. Je le dis, & il est vrai. Quelle conséquence en voulez-vous tirer ?

CLARICE. Vous m'allez traiter de visionnaire. Il en sera ce qu'il pourra. Mais il faut que je vous dise tout ce qui me passe par la tête. On a désiré, & sans doute on le désirera encore long-tems, qu'il n'y eût qu'une langue commune pour tous les peuples de l'Univers. J'ai lû quelque part qu'un de vos Philosophes avoit essayé d'en faire une. Apparemment qu'il n'y a pas réussi, puisqu'on n'en parle plus. C'est dommage.

Il me prend aussi envie de rendre mon nom célébre par une invention pareille. Que penseriez-vous d'une personne qui auroit trouvé une mesure qui fût connue de tous les peuples du monde, qui fût dans tous les tems; que l'on trouvât dans tous les lieux, une formule dont la nature fût elle-même l'ouvriére, & sur laquelle chacun pût vérifier & confronter la mesure dont il se sert, & y rapporter toutes les autres dont on use par tout le monde. Le secret seroit beau, n'est-il pas vrai?

Eugene. Des plus beaux.

Clarice. Hé bien, je l'ai trouvé. C'est la largeur d'un alvéole. Il est bien certain que toutes les Abeilles qui ont été depuis la fondation de l'Univers jusqu'à présent, ont fait des cellules de la même grandeur & du même diamétre, & qu'elles continueront ainsi jusqu'à la consommation des siécles. Je crois qu'il est également vrai que depuis le Pérou jusqu'au Japon, elles sont toutes construites suivant les mêmes loix, & sur les mêmes mesures. Par conséquent, si j'avois à écrire à un Japonnois, & à lui mander que telle chose que je lui envoie a quatre pouces de longueur, il ne m'entendroit pas ; mais si je lui dis qu'elle a la longueur de vingt alvéoles, il m'entendra parfaitement : autant en fera le Péruvien, le Moscovite, &c. Ils auront tous dans le moment l'idée d'une longueur pareille à celle que nous entendons, quand nous disons quatre pouces. Voilà donc une mesure qui ne peut jamais varier, que tout le monde connoît, qui se trouve par-tout. En un mot, c'est une langue universelle en fait de mesure, & qui s'entendra jusqu'à la fin du monde.

EUGENE. Plus nos Entretiens se

multiplient, plus je m'apperçois que votre esprit philosophique se développe, se fortifie & s'accroît, ou plutôt plus vous laissez voir de talens que votre modestie tenoit cachés. Est-ce que j'aurois trouvé l'art d'être, comme disoit Socrate, la sage-femme de vos pensées ? Le Philosophe qui avoit imaginé le secret d'une langue universelle, étoit M. Leibnitz, un des plus vastes, & des plus forts génies que l'Allemagne ait produit. Il disoit en parlant de ce projet, qu'il travailloit à un alphabeth des pensées humaines. Ce grand homme qui n'avoit en vue que le bien public, auroit voulu réduire le monde sous une seule langue; & l'Europe sous une seule puissance quant au temporel, & sous un chef unique quant au spirituel. Etant Allemand, vous ne serez pas étonnée qu'il déférât le gouvernement de l'Europe à l'Empereur ; vous le ferez davantage, qu'étant Luthérien, il ait adjugé la suprématie Eccléfiastique au Pape. Tant, dit l'illuftre Hiftorien de fa vie, l'efprit de fyftême qu'il poffédoit au fouverain dégré, avoit prévalu à l'égard de la Religion fur l'efprit de parti. Mais tous ces beaux projets font reftés fans effet, parce que, dit encore le même Hiftorien, les peuples ne s'accordent qu'à n'entendre point leurs intérêts communs. Je crains bien qu'il n'en foit autant de votre fecret, au fujet duquel je fuis fâché de vous dire que vous avez été prévenue, & qu'autrefois Monfieur Thévenot, Garde de la Bibliothéque du Roi, avoit imaginé la même chofe.

Hift. de l'Ac. des Sci. en 1716.

CLARICE. De quoi s'eft avifé votre M. Thévenot de penfer avant moi, pour m'enlever un honneur qui m'auroit valu l'immortalité.

Eugene. Les Anciens nous ont fait bien de ces mauvais tours-là. Mais quoi qu'il en soit, vous y perdez peu. Cette découverte n'a pas été plus heureuse que celle de M. Leibnitz. Continuons de voir les autres dimensions des alvéoles. Leurs profondeurs ne sont pas si constantes que leur diamétre. Les cellules des Abeilles ouvriéres ont communément 5 lignes $\frac{1}{2}$ de profondeur, & celles des Vers qui doivent devenir faux-bourdons, ont jusqu'à 8 lignes, quelquefois aussi elles en ont moins. Lorsque ces cellules ne sont point nécessaires pour élever des Vers, on en fait des magasins à miel. Mais il y en a d'uniquement destinées à cet usage, & celles-ci ont plus de profondeur que les autres. J'en ai trouvé qui alloient jusqu'à six lignes. Lorsque la récolte du miel est si abondante qu'il est difficile d'avoir assez de vaisseaux pour le mettre en réserve; lorsque les Abeilles ont peine à construire un nombre suffisant de cellules pour contenir tout celui qu'elles peuvent recueillir, elles allongent les anciennes, ou elles donnent aux nouvelles qu'elles bâtissent, une longueur qui surpasse celles des cellules ordinaires. C'est ce qui fait que la surface des gâteaux n'est jamais égale, qu'il y a des places plus élevées les unes que les autres, qu'ils semblent bombés dans des endroits. Je crois avoir épuisé ce que j'avois à vous dire sur les alvéoles dont sont formés les gâteaux. Voyons à présent ce qu'il y a à considérer sur les gâteaux mêmes.

CLARICE. Hé, qu'est devenu le Palais Royal ? Quelle idée auriez-vous d'un Voyageur, qui décrivant une ville, donneroit un plan exact de toutes les maisons bourgeoises, & des hôtels, & oubli-
roit

roit de parler du Louvre ?

Eugene. Vous avez raison de me faire ce reproche ; cependant ce n'est point par oubli que je ne vous en parlois pas, mais c'est que je crois qu'il en sera parlé plus à propos après que nous aurons traité des gâteaux. La disposition des gâteaux offre, comme celle des alvéoles, des faits qui font honneur à l'intelligence des Abeilles. Des Mouches une fois établies dans une Ruche où elles se trouvent bien, n'y restent pas long-tems sans jetter les fondemens d'un gâteau qu'elles allongent & élargissent avec une célérité surprenante. Mais avant que de lui avoir donné toute l'étendue qu'elles veulent qu'il ait, elles se partagent ; une partie des ouvriéres en commencent un second, quelquefois une autre partie en entreprend un troisiéme. Quand il y a deux ou trois atteliers, plus d'ouvriéres peuvent s'occuper à la fois sans s'embarrasser, elles sont en état de faire plus de besogne en moins de tems. Ayant une Ruche vîtrée devant nous qui nous laisse voir jusques dans son intérieur, il est presque superflu de vous faire remarquer que ces gâteaux sont paralleles les uns aux autres, & qu'il reste entre chacun un espace qui tient lieu d'une rue, dont la largeur suffit pour laisser passer deux Abeilles à la fois. Remarquez sur la surface de celui qui se présente à vous, des trous qui le traversent de part en part.

Pl. IX. *Fig.* 2. *let.* a, a, a.

CLARICE. Laissez-moi deviner ce que c'est que ces trous. Je prétends que ce sont des rues étroites, des chemins de traverse que les Abeilles ont ménagés pour passer d'un gâteau à l'autre, sans être obligées de faire un long circuit.

EUGENE. Vous n'avez pas deviné, vous avez très-bien jugé.

CLARICE. Il faut que je m'arrête ici un moment à contempler notre Ruche, car le goût des observations me gagne. Quelle affluence de peuple ! Nos marchés les plus fréquentés ne fourmillent pas de plus de monde que les rues d'une Ruche. On ne se lasse point de voir cela. Quelle activité ! quelle diligence ! quel amour du travail ! Je me rappelle avec plaisir tout ce que vous m'avez dit. Une Ruche est une ville, dont les habitans n'habitent point dans leurs maisons. Ils négligent leurs propres commodités pour ne songer qu'au bien public. S'ils bâtissent, ce n'est que pour serrer les provisions communes, & élever leurs petits. Quant à eux ils se contentent de loger dans les rues & dans les places publiques. Autre observation en regardant nos gâteaux par ce côté-ci, par leur tran-

Pl. X. che j'apperçois une irrégularité
Fig. 1. qui me choque un peu. Seroit-elle particuliére à cette Ruche, seroit-elle générale ? Ces gateaux-ci ne conservent pas entre eux un parallélisme régulier. Je ne sçai si vous vous appercevez que je commence à parler la langue du pays. Cependant comme je pourrois me tromper en voulant faire la sçavante, je m'explique. Par ce terme de parallélisme régulier, je prétends vous dire que ces gâteaux s'écartent trop les uns des autres par en-haut, & qu'ils ne tombent pas à plomb; ils ont causé un vuide qu'il a fallu remplir
Ib. let. par un petit gâteau postiche.
A. *EUGENE.* Le terme de parallélisme est placé très-à propos ; & votre observation est une nouvelle preuve que les Abeilles peuvent se tromper, & qu'elles sçavent se redresser. Quand les Abeilles veulent commencer leurs gâteaux,

elles forment au-haut de la Ruche une espéce de pied ou de main qui sert d'attache pour tout l'édifice qui en doit pendre. En même tems que l'on jette les fondemens du premier gâteau, on prépare aussi ceux d'un second. Celui-ci doit être communément placé à une telle distance du premier, que l'un & l'autre tombant parallelement, ne laissent entre eux que l'espace qu'il faut pour passer deux Abeilles. Cependant il arrive quelquefois qu'elles se trompent, & que le second gâteau est trop éloigné du premier. Pour regagner une partie du trop grand vuide qui naît de cette mauvaise position, les Abeilles le conduisent obliquement ; à mesure qu'elles l'étendent, elles lui donnent une inclinaison qui le rapproche de l'autre. Quelquefois le vuide est si grand, qu'il ne paroît pas supportable aux Abeilles. Alors elles en construisent un troisiéme entre ceux-ci, qui n'a que l'étendue qu'il faut pour remplir le trop de vuide ; elles le terminent dans l'endroit où les deux autres ne laissent entre eux qu'un intervalle qui y peut être sans inconvénient.

Pl. X.
Fig. 1.
let. A.
Tel est celui qui nous donne lieu de faire cette remarque.

CLARICE. Je reviens aux fondemens de ces édifices qui sont en haut. Je ne m'étonne pas que les gâteaux soient sujets à tomber. Quand cela arrive, c'est comme si tout un quartier de la ville étoit renversé en un moment. Ce doit être pour ces pauvres petites bêtes un tremblement de terre épouventable.

EUGENE. Il est vrai que ce malheur n'est point assez rare, & que dans ce cas il en coute la vie à quantité de petits innocens, qui sont encore au berceau. Cependant les Abeilles le préviennent autant qu'elles peuvent. Quoique les cellules soient formées de feuilles de cire extrêmement minces, les gâteaux deviennent des piéces pesantes, lorsqu'ils sont bien pleins de miel. Leur propre poids pourroit rompre les attaches qui les tiennent suspendues au haut de la Ruche. Nos Ouvriéres sçavent les assujétir en divers autres endroits ; elles multiplient les attaches autant qu'elles en trouvent la facilité. Vous en voyez ici la preuve. Ces petites masses de cire, collées par un de leurs bouts à un des carreaux de verre, & par l'autre bout au gâteau, sont des attaches. Il y en a de pareilles de l'autre côté de ce gâteau, pour le lier à son voisin, & par ce moyen ils se soutiennent tous les uns les autres. La prévoyance de ceux qui préparent les Ruches pour y loger les Abeilles, les engage à y disposer des petits bâtons en croix, qui par la suite servent de supports, les mettent hors de risque de tomber, & épargnent du travail aux Mouches. Il est tems de passer à ces alvéoles distingués, aux Palais des Reines, dont je vous ai promis la description. Il faut d'abord vous en montrer un, & puis nous raisonnerons dessus.

Pl. IX. Voyez-vous ceci?

Fig. 3.
& 4.
lettres
A.A.a.A.

CLARICE. Comment? c'est cela que vous appellez un Palais de Reine? Je l'appellerois une bosse de cire assez informe. Ho, pour le coup, si les Abeilles nous donnent de la tablature en fait de Géométrie, nous avons bien notre revanche en matiére d'Architecture.

EUGENE. Cela n'est pas bien sûr. Je ne voudrois pas hazarder de blâmer si vîte le dessein de cet alvéole.

CLARICE. Vous êtes le maître de le trouver élégant, léger, bien composé ; mais je crois que vous n'entreprendrez pas de me prouver qu'il y ait là dedans l'ombre de dessein.

Eugene. Comme nous avons autre chose à faire, je ne vous dirai que deux mots en passant sur cette question. La Géométrie est une science fondée sur des vérités claires, distinctes, & qui ne laissent pas la liberté de douter. L'Architecture est un Art dont les principes n'ont d'autres régles fondamentales que le goût, qui n'en a aucune. Si vous me demandez ce que c'est qu'une chose de goût, je n'ai d'autre définition à vous en donner, sinon que c'est un je ne sçai quoi, qui plaît par je ne sçai quel endroit. Les Chinois qui conviennent avec nous des vérités Géométriques, ne conviennent point des régles de l'Architecture. Ils ne sont point tentés de changer la leur pour la nôtre, & peut-être fera-ce nous qui ferons quelque jour ce troc: leurs deffeins nous plaifent déja. Vous trouvez le Palais d'une Reine Abeille, groffier, mauffade; fi vous aviez fes yeux, fon goût, vous le trouveriez fans doute grand, fuperbe, commode, & digne de fa Majefté. Contentons-nous donc de le décrire fans le critiquer. Les Abeilles abandonnent leur Architecture ordinaire, quand il s'agit de bâtir des logemens dans lefquels doivent être élevés des Vers qui deviendront des Mouches Reines. Ce ne font plus des alvéoles exagônes, c'eft, comme vous le voyez, une figure arrondie, oblongue, plus groffe près d'un de fes bouts qu'à l'autre, & dont la furface extérieure eft pleine de petites cavités. Nous avons dans notre Architecture un ornement qu'on appelle *ruftique*, qui approche affez de cela. Il eft vrai que les Abeilles nous paroiffent avoir été moins occupées de la beauté & de l'élégance de ces cellules, qu'attentives à leur procurer de la folidité; elles leur en donnent tant, que je ne fuis point étonné qu'elles vous paroiffent lourdes & maffives. La cire qui eft employée avec une œconomie fi géométrique dans la conftruction des cellules exagônes, eft employée avec profufion dans celle des logemens où les Reines doivent être élevées. Rien ne coute aux Abeilles, quand il eft queftion de la grandeur & de la commodité de leurs Souveraines.

Clarice. Voilà des fentimens qui me plaifent infiniment. J'y retrouve les miens, & ceux de ma nation.

Eugene. Heureux font les Rois, heureux les Peuples où ces fentimens font réciproques! J'ai pefé un de ces Palais, une de ces cellules qui méritent d'être diſtinguées par l'épithéte de Royale, contre des cellules exagônes, & j'ai vû qu'il en falloit environ cent de ces derniéres pour égaler le poids de l'autre. Cependant la cellule Royale dont je me ſuis ſervi pour faire cette expérience, n'étoit pas encore finie, elle n'avoit pas toute ſa longueur, & n'étoit pas de celles qui ſont les plus grandes. Je crois qu'il y en a telle qui péſe autant que 150 cellules ordinaires. Ce poids vous effraie ?

Clarice. Je ne trouve point à redire qu'on emploie 150 fois plus de matériaux pour bâtir un Louvre qu'une maiſon bourgeoiſe; mais la place me paroît mal choiſie.

Eugene. J'ignore leurs raiſons. Mais je ſçai qu'elles ne paroiſſent pas chercher à ménager le terrain, quand il s'agit de placer une cellule qui doit être le berceau d'une Reine. C'est quelquefois, comme ici, sur le milieu même d'un gâteau qu'elles le posent. *Pl. IX. Fig. 4. let.* A. Plusieurs cellules communes sont sacrifiées pour lui servir de base, & de support. Le plus souvent les cellules Royales pendent du bord inférieur d'un gâteau. Il y en a qui pendent de même le long d'un des côtés, pourvû qu'il ne touche pas les parois de la Ruche. Ce qui m'a paru constant, c'est que leur gros bout est en haut, & que leur longueur est presque perpendiculaire aux cellules ordinaires. *Pl. IX. Fig. 3. let.* a. *Ib. let.* A. A. Quand une cellule Royale n'est encore que commencée, elle a assez la figure d'un gobelet, ou plus précisément celle d'un de ces calices qui renferment un gland de chêne. Quelquefois ce calice a un pédicule, c'est-à-dire une queue, comme les fruits. Mais à mesure que les Mouches pro- *Pl. IX. Fig. 4. let.* B. B.

longent la cellule, elles en diminuent le diamétre, elles la rétréciſſent de plus en plus, de forte que le bout inférieur eſt plus menu que le ſupérieur. Elles laiſſent ce bout inférieur ouvert, juſqu'à ce que le tems de le fermer ſoit venu, ce qui n'arrive que lorſque le Ver qui a crû dedans, eſt prêt à ſe métamorphoſer. Elles donnent à pluſieurs de ces cellules diſtinguées, 15 à 16 lignes de longueur.

Ib. Fig. 3. let. a. o. o.

CLARICE. Vous remettez apparemment à un autre jour, à me dire comment le Ver peut vivre & ſe ſoutenir dans une cellule renverſée & ouverte par embas, comment il ne tombe point, comment la bouillie s'y conſerve.

EUGENE. Vous ferez ſatisfaite ſur le champ. Premiérement la bouillie des Reines eſt plus épaiſſe que celle des autres Abeilles; elle n'eſt preſque point coulante,

& elle l'est d'autant moins que la couche en est très-mince. Ainsi il n'y a point à craindre qu'elle abandonne le fond, contre lequel elle a été appliquée. Secondement, lorsque le Ver d'où doit sortir une Mouche mere est petit, il est assez visqueux, & assez léger pour être retenu & suspendu dans cette bouillie tenace & gluante. A mesure qu'il croît, il touche de plus en plus les parois de sa cellule dans tout son contour, & les presse à la hauteur où il est posé. Je vous ai dit que le diamétre d'une cellule Royale alloit toujours en diminuant jusqu'au bas. Par conséquent lorsque le Ver occupe tout le diamétre du fond supérieur d'une cellule, il ne peut plus tomber. Reprenons notre alvéole Royal. Les Abeilles lui donnent donc 15 à 16 lignes de profondeur. La surface qui n'est encore qu'ébauchée, qui n'a encore que la figure d'un gobelet, est assez souvent lisse. Par la suite elle devient raboteuse, il semble que les Abeilles l'aient sculptée en espéce de guillochis. Comme le poli leur coute peu à faire, & qu'elles l'emploient dans les autres alvéoles, on pourroit croire que ce guillochis, qui fait un ornement dans notre Architecture, en est un aussi pour les Abeilles, & qu'elles en veulent régaler leur Reine.

Pl. IX.
Fig. 4.
let. B, B.

Clarice. Autre embarras, qui ne l'est que pour moi, car je suis sûre que les Abeilles s'en tirent bien. Lorsqu'une cellule Royale pend au bas d'un gâteau qui n'a pas encore toute sa longueur, comment font-elles pour le prolonger? Il me semble que ce gros édifice doit les embarrasser.

Eugene. On ne peut pas se tirer d'affaire d'une maniére plus simple. Elles attendent que la
Mouche

Mouche femelle en soit sortie, alors elles détruisent l'alvéole Royal, & en bâtissent de communs par-dessus. Mais comme elles laissent les fondemens, on apperçoit facilement l'endroit du gâteau où cela est arrivé, parce qu'il est là un peu plus épais qu'ailleurs, il semble qu'il y ait une espéce de nœud. Vous pouvez conclure de-là, qu'il y a telle saison, où on ne trouvera plus dans une Ruche les cellules Royales qui y étoient au printems. Voilà ce que l'expérience, & des observations suivies nous ont appris au sujet des alvéoles. On croit communément que les cellules des gâteaux sont des logemens que les Abeilles se sont construits, que chacune a le sien, & cela sur ce qu'on observe en certains tems des cellules, dans chacune desquelles on voit des Abeilles enfoncées & tranquilles. Mais pour peu qu'on obferve, & c'est à quoi nos Ruches vîtrées sont extrêmement utiles, on reconnoît que le principal usage des cellules n'est pas de donner des logemens aux Abeilles. On voit un grand nombre de cellules qui contiennent des Vers en nourrice, on en voit de bouchées; de celles-ci, les unes contiennent des nymphes, d'autres du miel; on en voit d'autres débouchées qui servent de magazins pour la cire brute, & pour le miel destiné pour la nourriture journaliére des Abeilles qui travaillent au-dedans, & pour les jours où le mauvais tems & le froid empêchent le Peuple de sortir. C'est à quoi se réduit l'usage de ces édifices. Il nous reste à connoître le miel même & sa nature. C'est ce qui nous occupera la première fois que nous nous retrouverons ici.

XIII. ENTRETIEN.

De l'origine du Miel; de sa récolte; des deux estomacs de l'Abeille; des Magazins de Miel; des différentes qualités des Miels.

CLARICE. A Peine fûmes-nous séparés hier, Eugene, que je reçus un message de la part d'une Dame de mes amies. Cette Dame me mandoit, qu'ayant appris la passion extrême que j'ai de m'instruire sur l'histoire des Abeilles, elle m'envoie l'Ouvrage le plus complet qui ait jamais été fait sur cette matiére. C'étoit un Livre. Vous croyez bien que je l'ouvris sur le champ avec avidité. A l'ouverture, le titre m'annonça : *Le Gouvernement admirable; ou la Répu-*

blique des Abeilles. * Je crus dans le moment que votre miſſion étoit finie, & que je trouverois dans ce Livre plus que vous ne pouvez m'apprendre. D'autant que je ne doutois point que l'Auteur, qui a travaillé après M. de Réaumur, n'eût profité de ſes lumiéres & de ſes expériences. Je me mis donc à le parcourir précipitemment, & ſur-tout la partie qui regarde l'hiſtoire naturelle des Abeilles. Je ne fus pas peu ſurpriſe, en voyant que l'Auteur, quoiqu'aſſez modeſte pour prévenir ſes Lecteurs ſur ce qu'ils pourroient trouver à reprendre dans ſon ſtyle & dans ſon érudition, ne l'ait pas été aſſez pour préférer des expériences faciles, non équivoques, lorſqu'elles ſont faites par des yeux attentifs & éclairés, à ſes propres idées, à des idées vagues, & à des principes imaginaires.

EUGENE. Je connois ce Livre,

* Imprimé à Paris, chez Thibouſt. 1742.

je l'ai parcouru comme vous ; l'Auteur me paroît un très-honnête homme & de bonne foi. Je vous conseille cependant de vous en tenir pour le Physique, c'est-à-dire sur la naissance, la génération, les sexes &c. des Abeilles, à ce que M. de Réaumur nous en a appris. Vous pouvez néanmoins garder ce Livre, & le ranger dans votre Bibliothéque, à la suite de la *Maison Rustique*. Vous y trouverez des préceptes fort bons & utiles, pour ce qu'on peut appeller la manœuvre des Ruches. Mais pour ce qui est de l'Histoire naturelle, n'y comptez guères. Par exemple il vous apprendra à faire de bon Hydromel avec le miel ; mais vous y trouverez peu de chose sur la nature du miel, sur ses différentes qualités, sur l'usage dont il peut être pour la vie & la santé, & sur les magasins où les Mouches le tiennent en réserve.

Vous vous souvenez que ce doit être le sujet de notre Entretien d'aujourd'hui, le hazard nous y a conduit fort à propos. Commençons. On croyoit autrefois que le miel étoit une rosée qui tomboit du Ciel, on ne le croit plus aujourd'hui, du moins parmi les bons Auteurs, parce qu'on est mieux instruit; on sçait même que la rosée & la pluie sont très-contraires au miel, qu'elles se mêlent avec la liqueur miellée que je vais vous faire connoître, & qu'elles la corrompent. Il en est du miel comme de la cire, les Abeilles en trouvent la matiére sur les fleurs, mais c'est dans leur estomac qu'elle se façonne, & qu'elle prend la nature de miel : son premier état est d'être une séve digérée & affinée dans les caneaux des plantes, un suc qui transsude par les pores, & s'épaissit sur les fleurs. L'Abeille n'attend pas toujours que la matière ait transpiré, elle sçait la trouver dans les réservoirs même où la Nature la tient en dépôt. Ces réservoirs sont des espéces de vessies ou glandes, qui sont placées différemment sur les fleurs de différentes espéces. Nos Botanistes les ont découvertes dans ces derniers tems; mais de tout tems les Abeilles les connoissent. Lorsqu'une Abeille entre dans une fleur qui a de ces glandes, ou réservoirs, bien pleins de liqueur miellée, elle trouve quelquefois cette liqueur renfermée dans ses dépôts, quelquefois aussi épanchée sur les feuilles, & sur le fond de la fleur. On voit au printems des arbres, & l'Erable entre autres, dont les feuilles sont toutes enduites d'une espéce de miel, ou de sucre qui les rend luisantes. Soit que cette liqueur soit dans les glandes, soit qu'elle en soit sortie, elle est la matiére premiére du miel ; c'est ce que l'Abeille cherche & ramasse pour composer un aliment propre pour sa nourriture, & pour celle de ses compagnes. On porteroit des jugemens très-injustes des Abeilles, on les croiroit à tort des paresseuses, si toutes les fois qu'on les voit rentrer dans la Ruche les pattes vuides, on pensoit qu'elles n'ont été à la campagne que pour se promener, & pour y faire bonne chere; souvent elles reviennent alors avec une bonne provision de miel.

Clarice. Vous me faites plaisir de me donner lieu de réformer plusieurs jugemens téméraires que j'avois portés sur leur compte. J'avois vû fréquemment beaucoup de ces Mouches rentrer à vuide, ce qui m'avoit donné une assez mauvaise opinion de leur amour tant vanté pour la Patrie. C'étoit même un fait, dont j'avois dessein de vous demander raison.

Eugene.

Eugene. On ne peut pas se tromper à l'égard de celles qui font la récolte de la cire. Ces deux grosses pelotes que l'on voit à leurs jambes, rendent témoignage pour elles. On ne voit pas de même la provision du miel, elle est renfermée dans leur estomac. Telle qui paroît légère de provisions, en est bien pourvûe. Avant que de vous dire comment cette matiére se convertit en vrai miel, il faut parler de la récolte que l'on en fait. La trompe est l'instrument avec lequel l'Abeille la recueille. Je n'ai rien de nouveau à vous dire sur cet organe, vous le connoissez, vous sçavez que ce n'est point une pompe, mais une espéce de langue qui se charge du liquide, & le lappe. Je vous l'ai dit, mais je ne vous l'ai pas fait voir. Je suis tenté de vous en donner le plaisir.

Pl. III. *Fig.* 3. *let.* A A.

Clarice. C'est-à-dire que les

Loupes vont entrer en jeu. Préparons-nous à lorgner.

EUGENE. Pour vous mettre en état de voir diſtinctement le jeu de la trompe d'une Mouche qui lappe le miel, j'ai apporté ce Tube, ou tuyau de verre que voici, qui a environ cinq lignes de diamétre. Je m'en vais d'abord l'enduire par dedans de quelques légères couches de miel en différens endroits, puis j'y enfermerai une Abeille à laquelle la vûe de ſa captivité ne fera rien perdre de ſon appétit, & qui ſuccera le miel contre le verre, & ſous vos yeux.

Pl. XI.
Fig. 1.

CLARICE. Pendant que vous préparerez votre tuyau, & votre Mouche, je vous entretiendrai de ce qui ſe paſſe dans mon eſprit, à l'occaſion d'une merveille qui mérite bien d'être relevée.

EUGENE. Tout ce qui réfléchit l'éclat de la Puiſſance ſuprême, ne doit point nous échapper.

CLARICE. N'admirez-vous pas comme moi, qu'une Abeille à peine sortie de son berceau, n'ayant vû aucun objet, n'ayant encore nulle connoissance du monde, parte du fond ténébreux de sa Ruche où elle vient de naître, & va droit tomber sur une fleur, fût-elle à une lieue de sa demeure, & que là, elle sçait trouver dans le moment des réservoirs à miel si bien cachés pour nous.

EUGENE. Votre admiration est très-bien placée. Il n'y a point de raison humaine tant éclairée, tant pénétrante soit-elle, qui naisse avec de pareils talens? Nos Mouches nous font voir, que si l'Auteur de leur être, leur a refusé une intelligence semblable à la nôtre, il a sçu y suppléer, en les faisant naître toutes instruites, & bien mieux instruites que s'il leur eût laissé, comme à nous, le soin de s'inftruire elles-mêmes.

Clarice. Elles peuvent donc fe vanter de l'honneur fingulier de n'avoir pour inftituteur que l'Auteur même de l'Univers.

Eugene. Sans doute : ainfi il n'y a plus à s'étonner fi elles fçavent tant de chofes qui paffent nos forces. Voici notre tube de verre en état, & la Mouche captive, qui fe difpofe à profiter du miel dont j'ai enduit les murs de fa prifon.

Clarice. C'eft mon tour à obferver, & à vous rendre compte de la conduite de notre Abeille. Donnez-moi le Tube & la Loupe, je tiens préfentement la Mouche dans une fituation favorable. Le premier coup d'œil fuffit pour me faire voir qu'elle mange de fort bon appétit. Mais il eft queftion de vous dire comment elle mange, comment la trompe s'y prend, fi elle mâche, fi elle avale, si elle suce. Premiérement je vois la trompe couchée sur le miel, & l'extrémité de cette trompe passer au-delà du petit tas sucré. Il semble même qu'elle évite de tremper cette extrémité dans le miel. Elle fait faire un coude à sa trompe, & c'est la partie la plus convexe de ce coude qui se sauce dans la liqueur. La voilà qui frotte & refrotte le verre avec son coude. De la maniére dont elle y va, elle ne laissera pas la plus petite goutte de miel. Ho, combien d'inflexions différentes elle donne à sa trompe ! Avec quelle merveilleuse vîtesse elle la fait agir ! Voilà déja une place expédiée, & bien léchée. Elle passe à une autre ; elle s'arrête encore sur une goutelette de miel ; elle y fait entrer le coude de sa trompe ; elle l'en retire.

Pl. XI. *Fig.* 1. *let.* A. & *Fig.* 2. *let.* A.

EUGENE. Remarquez bien si...
CLARICE. Gardez-vous bien de

m'interrompre, ou je ne verrai plus rien. Je lui vois élever fa trompe, l'allonger, la raccourcir; elle donne de tems en tems à la furface fupérieure, une concavité, comme pour donner une pente vers la tête, à la liqueur dont elle s'eft chargée. J'ai toujours vû jufqu'à préfent le bout de la trompe, ce bout où il y auroit une ouverture, fi la trompe étoit une pompe, je l'ai toujours vû au-deffus du miel, il n'en a point approché. Si quelqu'un de ces défenfeurs des fentimens antiques vouloit vous foutenir préfentement que la trompe n'eft point une langue qui léche & lappe, mais qu'elle eft un canal percé par le bout, vous pouvez m'appeller à votre aide, vous trouverez en moi un fecond, qui fçait défendre la vérité.

EUGENE. Je me fens fi fort de votre fecours, que je ne ferai point de difficulté d'avancer que cette trompe est une seconde langue, que l'on pourroit appeller une langue velue, à cause de beaucoup de poils dont elle est couverte. Pour la distinguer de la langue charnue que je vous ai fait voir, & qui est plus analogue aux langues ordinaires. Voyez à présent en grand, & dessiné au Microscope, ce que vous venez de voir dans le Tube avec la Loupe. Vous *Pl.* XI. *Fig.* 2. *let.* A. êtes convaincue maintenant par vous-même, que c'est par ces différens mouvemens que cette langue tend à se charger de la liqueur miellée, & à la conduire dans la bouche. En réitérant l'observation, vous reconnoîtrez facilement que c'est sur le dessus de la langue velue que passe la liqueur, & que les étuis de la trompe ne sont peut-être pas autant faits pour la couvrir, que pour lui donner des rebords & en former un canal pour la conduite de la liqueur. Ce seroit être trop timide de n'oser avancer que l'Abeille n'enléve point le miel des fleurs, d'une maniére différente de celle dont elle enléve celui qui est étendu sur un verre. Ce qu'il peut y avoir de différent, c'est que l'Abeille qui se trouve dans une fleur, où il n'y a pas assez de miel épanché, emploie les fortes mâchoires que nous lui connoissons, pour pincer & ouvrir les glandes qui contiennent la liqueur miellée. Elle sçait s'en servir quand il s'agit de hacher le papier qui couvre vos pots de confitures, comme vous vous en plaignez souvent. Pourquoi ne s'en serviroit-elle pas sur les fleurs, lorsqu'il est question de déchirer les membranes qui forment des vessies ou glandes à miel ? C'est ainsi que se fait la récolte de la liqueur qui doit devenir miel. Quand par le moyen de la trompe, elle est passée dans l'estomac, & qu'elle y a séjourné quelque tems, elle en sort en vrai miel. Car il y a lieu de croire que cette matiére ne sort pas du corps de l'Abeille, telle qu'elle y est entrée ; mais (c'est aussi l'opinion de Swammerdam,) qu'elle y est digérée, & qu'elle y reçoit une coction ; ce qui fait qu'elle est plus épaisse lorsque l'Abeille la rend, que lorsqu'elle l'a prise. L'Abeille a deux estomacs, l'un est destiné pour convertir la cire brute en cire proprement dite, & l'autre pour convertir le suc des fleurs en miel. Je pourrois vous faire voir ces deux estomacs.

Clarice. Je le veux bien, pourvû que ce ne soit point par des dissections cruelles sur des Mouches vivantes. Je n'ai que trop souffert de celles que vous avez faites pour vérifier leurs sexes.

Eugene. Vous allez connoître

que mon intention est de ménager votre délicatesse, puisque j'ai
Pl. XI. apporté avec moi ce dessein, où
Fig. 3. vous verrez très-distinctement ces
deux estomacs. Il n'est pas nécessaire de vous dire que cette figure est plus grande que le naturel,
& qu'elle a été dessinée vûe au
Microscope. Je vais vous en expliquer toutes les Parties. A, est
l'Anus; C, le bout du Corcelet,
c'est-à-dire, où finit la poitrine.
Tout ce qui est entre deux, est ce
que j'ai dessein de vous faire voir,
c'est ce que l'on appelle *le Ventre*
de l'Abeille, dont j'ai enlevé toute la partie écailleuse des anneaux
qui la couvroit. Le canal qui vous
est montré par les lettres V & V,
qui commence par un col, & finit par un gros ventre, comme
une bouteille, est l'estomac du
miel. Le col de cet estomac est
une prolongation de ce que l'on
nomme chez-nous *le Gosier*, ou

Canal des alimens ; le renflement est le véritable eſtomac, tel qu'il eſt quand il eſt bien plein de miel. Cet autre canal qui ſuit, qui eſt diviſé par cerceaux, comme un tonneau, & qui vous eſt indiqué par la lettre E, eſt le ſecond eſtomac, c'eſt le laboratoire de la cire brute. L'eſtomac du miel n'eſt pas toujours auſſi plein que vous le voyez ici. Il eſt plus difficile à reconnoître lorſqu'il eſt vuide. C'eſt pour cela que j'ai fait faire un deſſein ſéparé des mêmes parties tirées hors du ventre. S, eſt le col, ou goſier, & en terme de l'Art, l'œſophage. V, eſt l'eſtomac du miel, qui, comme vous voyez, eſt fort petit, parce qu'il eſt preſque vuide de nourriture. Suit l'eſtomac de la cire brute que vous reconnoiſſez facilement à ſes cerceaux. Ce qui vous eſt repréſenté par la lettre T, eſt un lacis ou frange de vaiſſeaux jaunes, qui ſe

Pl. XI.
Fig. 4.

trouvent à la jonction du second estomac avec les intestins. I, est le dernier intestin, dans lequel on trouve souvent de la cire brute, aussi-bien que dans l'estomac, mais jamais de miel. A, est l'Anus. Ces choses connues, vous entendrez facilement le reste. L'œsophage fait donc passer le miel qu'il a reçu dans le premier estomac. Celui-ci est plus ou moins renflé, selon qu'il en contient une plus grande ou une plus petite quantité. Quand il est absolument vuide, il ne semble être qu'un fil blanc, & délié. Mais lorsqu'il est bien rempli de miel, il a la figure d'une vessie, que les enfans qui vivent à la campagne connoissent bien, & dont ils sont friands.

Clarice. C'est donc après cette vessie que couroit un petit frere que j'avois autrefois, & qui étoit fort adroit à les attraper ; il m'en régaloit même assez souvent dans le tems que nous étions enfans tous deux.

Eugene. C'est sur-tout dans le corps des gros Bourdons velus qu'ils trouvent les plus grosses, & c'est plus volontiers à la chasse de ceux-ci qu'ils vont, qu'à celle des Abeilles.

Clarice. C'est-à-dire que les Abeilles sont redevables de leur salut, à leur peu de richesses.

Eugene. Chaque fleur ne fournit à l'Abeille, qu'une bien petite quantité de liqueur; elle est obligée d'en parcourir plusieurs, les unes après les autres, avant que d'être parvenue à remplir son premier estomac, autant qu'il le peut être.

Clarice. Il y a long-tems que nous n'avons trouvé Aristote, ou Pline en défaut. Est-ce qu'ils n'ont point parlé de tout ce que vous venez de me faire voir, & de m'apprendre ?

Eugene. Nous n'irons pas plus loin, pour trouver chez le premier matiére à cenfure. Il dit que la même Abeille ne va pas d'une fleur fur une fleur d'un autre genre; qu'elle ne va pas d'une violette, par exemple, à une fleur de primever ou de rofe; mais toujours d'une violette à une violette, d'un lys à un lys, d'une rofe à une rofe. J'en ai pourtant vû bien des fois voltiger comme des Papillons, de fleurs en fleurs, fans s'embarraffer de l'efpéce. Quoi qu'il en foit, quand l'Abeille a fuffifamment rempli fon eftomac de miel, elle retourne à fa Ruche. Dès qu'elle y eft entrée, elle va chercher une cellule dans laquelle elle puiffe fe dégorger, & le dépofer. Ceci nous conduit à vous faire connoître les magafins à miel. C'eft un article de la police de nos petits animaux, des plus admirables, & bien digne assurément de vos observations. Imaginez-vous une ville où tout le peuple ne travaille que pour le bien général, où chacun est attentif & fidéle à porter aux magasins publics la récolte de sa journée, se contentant de prendre sur son travail, le simple nécessaire; où l'on amasse, non-seulement pour le tems présent, mais aussi pour l'avenir; où l'on trouve des dépôts toujours pleins, & toujours ouverts pour la nourriture de tous les jours, & des dépôts bien fermés & bien scellés pour l'hyver, & pour les tems de disette.

Clarice. Vous me faites souvenir que j'ai lû autrefois une petite fable, qui me parut assez bien tournée, & dont le sens étoit que des Guêpes & des Frêlons firent un jour une société de commerce entre eux, & proposérent aux habitans d'une Ruche d'Abeilles de prendre à ferme la fourniture de leurs magasins, s'engageant de les tenir toujours & en tout tems pleins, & bien garnis de cire brute & de miel, c'est comme qui diroit parmi nous de bleds & de vin. Le Sénat Abeille convoqué, un Frêlon orateur quelque peu disert, fit entendre à l'assemblée les grands avantages qu'elle retireroit de ces offres. Il fit valoir sur-tout combien ce seroit de travail & d'inquiétudes épargnées pour les Abeilles; qu'elles pourroient dormir la grasse matinée; s'épargner des courses longues & fatigantes. On passa bail, on abandonna aux nouveaux Fermiers les provisions déja faites, à condition de les entretenir. Au bout de l'année les Guêpes & les Frêlons disparurent, & avec eux le miel & la cire brute; ils ne laissérent que des greniers vuides, & aux Abeilles le repentir de leur sottise. *EUGENE.*

Eugene. Je ne doute pas que cette fable n'ait pû trouver souvent son application. Mais pour revenir à l'usage général, cette prévoyance de nos Abeilles est connue de tout le monde, on la loue, on l'admire. Qui est-ce qui l'imite ? Beaucoup par avarice, & peu dans la vue de l'utilité publique. Quittons la morale pour retourner à notre sujet. C'est sur le bord d'une des cellules dont le tour est d'être remplie, que la Mouche qui arrive de la campagne, s'arrête ; elle fait entrer sa tête dedans, & elle y verse bientôt tout ce qu'elle a apporté de liqueur. M. Maraldy a très-bien remarqué que l'endroit par lequel elle fait sortir le miel de son corps, est au-dessus de la trompe, & tout près des dents, c'est-à-dire, que le miel sort par cette ouverture que nous appellons *la bouche*. Pour que le premier estomac d'une Abeille puisse faire sortir le miel qu'il contient, & s'en vuider, il doit être capable de se contracter successivement, & alternativement dans différentes de ses portions, aussi l'est-il. Je vous le dis pour l'avoir vû dans plusieurs Abeilles vivantes que j'ai ouvertes exprès. Une cellule a une grande capacité par rapport à ce qu'une Abeille peut y dégorger de miel en une seule fois ; c'est pour cela que plusieurs Mouches viennent les unes après les autres s'y vuider de celui qu'elles ont recueilli & préparé avant que d'en remplir une entiérement.

Clarice. Remplissent-elles entiérement leur alvéole de miel ?

Eugene. Je crois voir ce qui vous donne lieu de me faire cette demande. Vous êtes en peine de sçavoir comment on peut remplir entiérement d'une liqueur coulante un gobelet renversé. Car nous pouvons regarder les alvéoles comme des petits gobelets ou pots couchés sur le côté.

Clarice. C'est effectivement cela qui m'arrêtoit.

Eugene. Il y a deux façons de les remplir. L'une regarde ceux qui sont destinés à rester toujours ouverts, & l'autre ceux qui doivent être fermés. Nous pourrons voir nous-mêmes tout à l'heure de quelle maniére on remplit les premiers. J'apperçois dans notre Ruche un gâteau très-favorablement placé pour cela. Il est, comme vous voyez, appliqué contre un de nos carreaux de verre, & les cellules qui y sont adhérentes sont des cellules tronquées, dont le verre fait une partie des parois, & tient la place de deux de leurs pans. La parois transparente, c'est-à-dire le verre, nous permet de voir le miel qui est dedans, & de quelle façon il y est arrangé. Voilà une cellule qui est déja à moitié

Pl. X. Fig. 2.

Ib. *lett.* P. pleine. Remarquez que la derniére couche de miel, cette surface qui regarde l'entrée, est aisée à distinguer du reste ; elle semble être ce que la crême est sur du lait, une couche épaisse. Elle est ainsi dans toutes les cellules à miel, soit qu'il y en ait beaucoup, soit qu'il y en ait peu. Par son épaisseur & sa consistance, elle fait une façon de couvercle qui retient le miel, & l'empêche de couler. Nous pourrions appeller ce couvercle *une cataracte*, parce qu'elle fait l'office de ces portes d'écluses qui tiennent l'eau suspendue.

CLARICE. Cette précaution est fort bien imaginée ; mais je ne suis pas quitte pour cela de tout mon embarras. Je suis encore en peine de sçavoir comment on pourra achever de remplir cet alvéole. Chaque Abeille, à mesure qu'elle apporte du nouveau miel, abbat-elle la *cataracte ?* En remet-elle une nouvelle ? En fait-elle une exprès pour chaque goutte de miel qu'elle apporte ?

Eugene. Je ne suis point surpris qu'avec tout votre esprit, toute votre pénétration, vous n'ayiez point imaginé la maniére simple & ingénieuse dont elles s'y prennent pour remplir peu à peu un alvéole entier, en se servant toujours de la même cataracte, sans être obligées de la détruire pour y introduire les nouvelles provisions. Il faut certainement l'avoir vû pour en avoir une idée, il faut l'avoir appris d'elles-mêmes. Les Insectes ont mille industries qui nous étonnent quand nous sçavons les découvrir ; & lorsque nous avons bien travaillé notre imagination pour deviner comment elles s'y prennent, regardons-les faire, nous sommes étonnés qu'il n'y a souvent rien de si simple. C'est ici le cas. Une Abeille qui entre dans un alvéole à moitié plein d'un miel qui y eſt retenu par une cataracte, & qui veut y joindre la nouvelle proviſion qu'elle apporte, fait paſſer ſous cette cataracte ou croute mielleuſe, les deux bouts de ſes premieres jambes, puis approchant ſa tête de cette ouverture, elle lance, & fait pénétrer au-dedans tout le miel dont elle eſt pleine. Avant que de ſe retirer elle raccommode avec ſes jambes la petite ouverture qu'elle avoit faite. Chaque goutte de miel que chaque Mouche apporte, augmente la maſſe, & la maſſe augmentée force la cataracte de reculer en avant. Comme une infinité de hazards ſe mêle dans la maniére dont le miel eſt ammoncelé, dans celle dont la cataracte ſe préte plus ou moins dans des endroits que dans d'autres à reculer; cela fait que cette même cataracte n'eſt jamais per-

Pl. X.
Fig. 2.
let. A,A.

pendiculaire, mais qu'elle est toujours contournée. Entre les cellules qui ont été remplies de miel, les unes sont destinées à fournir celui qui est nécessaire à la consommation journalière des Abeilles, & les autres doivent conserver celui qui servira à les nourrir dans les tems où elles iroient inutilement en chercher sur les plantes. Dans les mois même où on pourroit en faire la plus abondante récolte, il y a des jours où les pluyes continuelles, d'autres où les froids trop rudes pour la saison, retiennent les Mouches dans leur Ruche. C'est alors qu'elles ont recours au miel destiné à être consommé le premier. Celles que leur travail a empêchées de sortir, & auquel le miel qui leur étoit nécessaire n'a pas été offert à tems par celles qui en ont rapporté de la campagne, les travailleuses, dis-je, vont prendre dans ces cellules celui dont elles ont befoin ? mais ce n'eft que dans des tems de grande néceffité, dans de vraies famines, qu'on touche au miel qui eft contenu dans un grand nombre de cellules très-aifées à diftinguer des autres. Ce font celles que nous avons nommées des magafins fermés. Dès que vous fçavez, Clarice, comment les Abeilles bâtiffent des alvéoles, vous ne devez plus être embarraffée de fçavoir comment elles peuvent les clore. Une lame de cire plate dont elles bouchent l'entrée, en fait l'affaire. La même difficulté que vous m'avez faite fur le miel retenu dans les cellules qui reftent ouvertes, fe préfente encore ici. Comment remplir comble un pot couché, d'une liqueur coulante, & le boucher enfuite ? Quoique le miel foit un fluide, il ne l'eft pas autant que l'eau, il a quelque confiftance qui l'empêche de s'écouler

couler promptement ; fur-tout lorfqu'il eft contenu dans un vafe auffi étroit qu'un alvéole, il peut s'y foutenir affez long-tems, pour donner le tems à l'Abeille de prendre toutes les précautions qui font néceffaires pour mettre fon dépôt en fûreté. Cette cataracte ou croûte mielleufe plus épaiffe que le refte, eft amenée peu à peu jufques fur le bord de l'alvéole, & lorfque l'Abeille s'apperçoit que le vafe eft rempli autant qu'il peut l'être, elle conftruit fon petit couvercle de cire.

Clarice. A quoi bon ce petit couvercle, puifque la cataracte fuffit pour retenir le miel, & l'empêcher de couler ?

Eugene. Les Abeilles ne m'en ont pas dit la raifon, mais il eft facile de la conjecturer. Le miel s'épaiffit à l'air, & y devient grumeleux, dur, & grené. Or tout celui qui fe trouveroit dans des cellules ouvertes, seroit du miel dur, & grené avant la fin de l'hyver. La chaleur considérable qui regne dans une Ruche, pourroit en peu de mois faire évaporer la plus grande partie de la liqueur, à laquelle il doit sa fluidité, & les Mouches perdroient le fruit de leur œconomie & de leur prévoyance. En fait d'alimens il faut renfermer ce que l'on veut garder long-tems. La cataracte ne seroit point un obstacle suffisant pour empêcher l'action de l'air sur le miel, mais la petite cloture de cire ferme le vase hermétiquement, & met le miel en état d'être conservé toujours frais & coulant, autant de tems que l'on en aura besoin.

CLARICE. Je voudrois que l'on mît au-dessus de la porte de chaque Ruche une inscription, où on liroit en gros caractères : *Avis aux passans. Ici l'on donne des régles de prudence & de gouvernement pour prévenir les famines publiques.* Cet avis réitéré autant de fois que l'on verroit des Ruches, mettroit peut-être à la fin dans la tête des hommes une résolution fixe de se mettre à couvert du plus terrible de tous les fléaux.

Eugene. Cet avis est des meilleurs, mais il y faut ajouter la fable des guêpes & des frêlons.

Clarice. Les Abeilles nous fournissent donc des biens de plus d'une espéce, & fort importans. Les régles d'une conduite sage pour prévenir le plus redoutable des maux, & un aliment agréable. Comme j'aime beaucoup le miel, & que son goût me plaît, je voudrois sçavoir votre avis sur l'utilité que la santé en peut recevoir.

Eugene. Je ne m'ingérerai pas de vous donner des conseils dans un art dont je n'ai que des connoissances très-vagues. Mais je vous dirai en abrégé ce que deux de nos plus fameux Médecins de Paris, Meſſieurs Hecquet & Andry nous en ont donné par écrit. Les Anciens nommoient le miel un don des Dieux, une roſée céleſte, une émanation des aſtres ; il leur tenoit lieu du ſucre dont nous nous ſervons aujourd'hui, & qui leur étoit inconnu. Ils regardoient le miel comme un antidote, une panacée ou reméde univerſel ; ils le croyoient capable de préſerver de la corruption, & de prolonger la vie. Hérodote fait mention d'un Cuiſinier qui, pour garder long-tems ſes viandes, n'y employoit que le miel. Pluſieurs Sages, comme Pythagore, Démocrite, & d'autres, ne vivoient que de pain & de miel, perſuadés que c'étoit un ſecret ſûr pour prolonger leurs jours, & entretenir les ſens & l'eſprit dans toute leur vigueur. Auguſte ayant demandé un jour à Pollion par quel secret il étoit parvenu à une si belle vieillesse, il lui répondit que c'étoit qu'il se nourrissoit de miel, & qu'il se frottoit d'huile. Enfin on croyoit appercevoir dans le miel quelque chose de divin, on le tenoit pour une nourriture sacrée & respectable.

CLARICE. Je me sçais bon gré d'avoir pensé comme les Anciens. Je crois que si j'eusse vécu de leur tems, je me serois faite Pythagoricienne par friandise.

EUGENE. Je vous conseille aujourd'hui, pour le bien de votre santé, de choisir une autre secte parmi les Philosophes modernes; car cet aliment si sain, si délicieux pour nos ancêtres, ne l'est plus pour nous. Ce don des Dieux, cette rosée céleste est présentement bien négligée, elle est abandonnée aux pauvres. Si les Apothicaires en fournissent leurs boutiques, ce n'est plus que pour un usage diamétralement opposé à celui des Anciens, ou tout au plus pour quelques ptisannes. Aussi faut-il avouer qu'il y a aujourd'hui peu de santés qui s'en accommodent. Le miel échauffe & desséche, de quelque maniére que l'on en use, soit en assaisonnement, soit en aliment. Il ne convient qu'aux tempéramens pituiteux, aux vieillards, ou à ceux qui par quelque maladie ou autrement, abondent en humeurs grossiéres & visqueuses. Mais suivant mes deux Auteurs, les personnes d'un tempérament bilieux les doivent éviter.

CLARICE. Comment se peut-il faire que ce qui étoit si bon, si salutaire pour la santé de nos Ancêtres, soit pernicieux aujourd'hui, ou au moins abandonné comme inutile. Sont-ce les hommes, ou les Abeilles qui ont changé de nature ?

EUGENE. M. Hecquet prétend que cela vient des différentes façons de vivre : que les hommes d'apréfent font plus gourmands, & que nos ragouts éternels donnent au fang une difpofition toujours prochaine à s'enflammer : que les mets les plus ordinaires font déchus de leur ancienne fimplicité ; que le miel, plein de volatile comme il eft, trouve le fang des hommes d'aujourd'hui trop bilieux, trop vif, trop enclin à fe fermenter.

CLARICE. Me voilà donc condamnée à m'abftenir du miel, parce que je ne vis pas comme on vivoit au bon vieux tems.

EUGENE. C'eft felon. Etes-vous pituiteufe, ou bilieufe ?

CLARICE. Il me femble que c'eft la pituite qui domine chez moi.

EUGENE. Vous pouvez donc, fuivant M. Hecquet, continuer d'en faire ufage ; au refte malgré la vénération qui est due à la mémoire de cet illustre Médecin, on peut croire qu'il y a un peu d'exagération dans son opinion contre le miel. Je serois pour moi assez de l'avis du plus grand nombre qui estime que le miel, quand il est de bonne qualité, est un aliment assez sain. Puis donc que vous l'aimez si fort, & que je crois que vous ne courez aucun risque d'en continuer l'usage, hors les cas de maladie, il est bon de vous donner les connoissances générales que l'on a sur cette espéce de nourriture. Il y a pour toutes sortes d'animaux, & de végétaux, des pays plus favorisés de la nature les uns que les autres. Les Anciens faisoient un cas particulier du miel de l'Attique, celui du Mont Hymette étoit célébre, & a été bien chanté par les Poëtes. Parmi nous le meilleur, à ce que l'on dit, vient de Narbonne, ou plutôt de Corbiére, petit Bourg à trois lieues de cette ville. Il est blanc, léger, délicat, d'une odeur douce, & d'un goût un peu aromatique.

Clarice. C'est aussi celui-là dont je fais le plus d'usage.

Eugene. Et c'est celui-là même, lequel en vertu de ses bonnes qualités, M. Hecquet prétend être le plus malfaisant de tous.

Clarice. Vos Médecins sont d'étranges gens, & d'humeur bien contrariante.

Eugene. Celui-ci se fonde en raison. Il dit qu'*étant plus abondant en volatile, il est plus propre à se laisser aller au mouvement d'un sang intempéré, & prêt à se fermenter.* Ce qui lui procure ce goût agréable qui le fait préférer aux autres, ce sont les herbes aromatiques, les romarins, les mélisses qui abondent aux environs de Corbiére. Il est certain que le goût est un mauvais juge en matiére d'alimens, entant que salubres. Lors donc que vous voudrez faire usage du miel, il faut préférer le nouveau au vieux; celui du Printems ou d'Eté à celui d'Automne, le blanc au jaune; celui qui écume peu en bouillant, à celui qui écume beaucoup; l'âcre-doux, à celui qui n'a que la douceur; enfin le miel d'une médiocre odeur, à celui d'une odeur trop sensible, ce dernier étant pour l'ordinaire sophistiqué. Tout miel n'est donc point indifférent, il peut s'en trouver même de très-pernicieux. Nous en avons un exemple trop mémorable dans Xénophon pour vous le laisser ignorer. Cet Auteur célébre, dans sa belle Histoire de la retraite des dix mille, raconte que ses Soldats étant arrivés auprès de Trébisonde, y trouvérent plusieurs Ruches d'Abeilles, & qu'ils n'en épargnérent pas le miel : il leur prit auſſi-tôt un dévoiement par haut & par bas, ſuivi de rêveries, enſorte que les moins malades reſſembloient à des gens ivres, & les autres à des perſonnes furieuſes ou moribondes. On voyoit la terre jonchée de corps comme après une bataille ; perſonne néanmoins n'en mourut, & le mal ceſſa le lendemain à la même heure qu'il avoit commencé ; de ſorte que les Soldats ſe levérent le troiſiéme & le quatriéme jour, mais en l'état où l'on eſt après avoir pris une forte médecine. M. de Tournefort, ce grand Botaniſte qui a été ſur les lieux pendant le cours de ſes voyages au Levant, penſe que la plante de laquelle les Abeilles pouvoient avoir tiré un miel ſi à craindre, eſt quelqu'une des eſpéces qu'on appelle en Botanique *Chamærododeudros*.

CLARICE. Vous n'exigez pas de

moi apparemment que je retienne ce nom.

EUGENE. A condition que vous ne me demanderez pas non plus que je vous en montre la plante, car heureusement il n'en croît point dans ce pays-ci.

CLARICE. Puisque l'on sçait que différentes plantes donnent au miel différens goûts & différentes qualités, les unes nuisibles, les autres salutaires; n'a-t-on point étudié lesquelles étoient les plus convenables ?

EUGENE. Nous parlerons de cela lorsque nous en ferons au gouvernement des Ruches. Je vous dirai seulement en passant, que j'ai voulu tenter s'il n'y auroit pas moyen de faire faire aux Abeilles un miel d'un goût plus relevé que celui des meilleurs miels qui nous sont connus, un miel qui eût un goût qui approchât plus de celui du sucre. Pour y parvenir, je mis des Abeilles à même de porter dans leurs alvéoles du sucre au lieu de miel, dans une saison où elles pouvoient à peine trouver à la campagne de quoi vivre : j'en fis passer une petite république dans une Ruche vîtrée ; je fis mettre auprès une assiette où il y avoit toujours du sucre délayé avec de l'eau à consistance de sirop. Les Mouches qui auroient été obligées de faire au loin des courses qui leur auroient peu produit, s'accommodoient de la liqueur qui étoit si fort à leur portée, & qui ne leur manquoit pas. Ces Abeilles firent de petits gâteaux de cire, & au bout de quelques jours les cellules d'un de ces gâteaux furent pour la plûpart remplies de miel. J'enlevai aussi-tôt ce gâteau qui contenoit du miel que je croyois devoir être tout sucre. Je lui trouvai effectivement un goût plus relevé que celui du miel ordinaire ; mais j'y ai trouvé enfuite une différence très-grande, en ce que depuis quatre ans que je le garde, non-feulement il ne s'eſt point grainé, comme fait le miel ordinaire, mais il eſt reſté clair, tranſparent, coulant comme il étoit d'abord, & il ne s'eſt point épaiſſi comme le vrai miel. Au reſte dans des tems où les Abeilles trouvoient aſſez de miel à la campagne, je les ai vû mépriſer le ſucre en poudre, dont j'avois rempli des aſſiettes que j'avois poſées auprès de Ruches très-peuplées. Les miels différent encore plus entre eux par la couleur que par le goût. Le plus blanc eſt le plus eſtimé, il jaunit en vieilliſſant. Il y en a qui ſont naturellement plus ou moins jaunes. J'en ai obſervé d'une couleur qui eſt beaucoup plus rare, mais je n'en ai trouvé qu'une fois de cette couleur. Il paroiſſoit ſi vert dans les cellules, qu'elles ſembloient remplies du jus d'herbe le plus vert. D'ailleurs son goût fut trouvé plus agréable que celui des miels ordinaires. Cependant ce miel si vert dans les cellules, ramassé dans des pots de verre blanc, n'avoit plus qu'une légère nuance de verd.

Clarice. Mais vraiment, Eugene, ce doit être une rareté que du miel vert. Assurément j'en aurai, dussai-je y employer tout mon village.

Eugene. Est-ce, Clarice, en tant que vert, ou en tant que plus friand, que sa rareté excite votre désir ?

Clarice. C'est en tant que rare. Il y avoit long-tems que votre humeur critique ne s'étoit donné carriére ; heureusement elle s'y prend sur le tard, & quand il faut nous séparer. Comme j'ai l'ame bonne, je vous pardonne cette petite raillerie, sauf la réplique dans l'occasion. Si vous avez quelque chose de plus à m'apprendre au sujet du miel, il faut le remettre au premier jour.

EUGENE. Je vous ai dit tout ce que je pouvois vous en dire. Nous avons examiné jusqu'à présent les matériaux, ou si vous l'aimez mieux, tous les ustensiles de ménage d'une Ruche, tout ce qui sert à la construction des édifices des Abeilles, la forme de ces édifices, leurs destinations, l'origine & la qualité de leurs alimens; leurs mœurs, leurs inclinations. Il nous reste à connoître leurs façons de vivre, & pour ainsi dire, leur vie domestique depuis l'établissement d'un essaim, jusqu'à la sortie d'un autre.

XIV.

XIV. ENTRETIEN

Des Travaux, & des occupations des Abeilles dans la Ruche.

CLARICE. IL me semble vous l'avoir déja dit, Eugene, ce qui me fait plus de plaisir lorsque je lis l'Histoire & les Voyages, c'est de connoître l'intérieur des hommes, de les voir, comme on dit communément, jusques dans l'ame, de m'instruire de leurs mœurs, de leurs coutumes, de leur génie, de leurs talens, de leurs façons de vivre, de leurs ménages même. Je préfère ce détail à celui de leurs guerres, & de leurs conquêtes.

EUGENE. C'est aussi la partie de l'histoire dont nous autres particuliers pouvons tirer les connoissances les plus utiles pour notre conduite. Les batailles, les siéges des villes, la conduite des armées, les marches, les retraites, les ravages, les incendies, la désolation des Provinces, le renversement des Monarchies, sont des faits qui n'ont rien d'instructif pour nous ; ils ne peuvent qu'exciter notre admiration, ou notre compassion, & trop souvent notre indignation ; ils ne ressemblent en rien à ce qui se passe dans nos familles, & dans nos sociétés. Mais le soin que prenoient les peres du tems de Cyrus, pour l'éducation de la jeunesse ; l'amour de la Patrie, dont les Romains nous ont donné tant & de si rares exemples ; la frugalité des Scythes ; la pudeur si chérie chez les Chinois ; la franchise & la bonne foi, qui rendent si recommandable la nation Helvétique ; la sobriété des Turcs ; enfin, l'assiduité au travail, l'amour du bien public, l'œconomie, la vigilance, la prévoyance des Abeilles, leur tendresse, & leur respect pour leur Souveraine, sont pour nous des exemples à suivre, & des instructions utiles. La vie des Abeilles est presque un traité de morale.

CLARICE. Vous me faites naître l'idée d'un projet, pour lequel j'aurai besoin de votre secours. En retranchant de la vie des Abeilles quelques articles qui ne sont pas d'assez bon exemple, il nous en resteroit encore beaucoup, dont nous pourrions composer ensemble un petit volume, que nous intitulerions : *Histoire des Abeilles, pour l'instruction de la jeunesse.*

EUGENE. Nous y travaillerons quand vous voudrez. En attendant je continuerai de vous apprendre ce qui me reste à vous dire de leurs actions. Je ne puis vous achever le récit de ce qui se passe dans une Ruche, depuis l'établissement d'un essaim, jusqu'à la sortie d'un autre essaim, sans repasser sur bien des faits dont nous avons déja parlé. Mais je le ferai succinctement, pour rendre, autant qu'il est possible, les redites moins ennuyeuses. Suivant le plan que je me suis proposé, notre Entretien d'aujourd'hui sera un abrégé suivi, des occupations & des travaux des Abeilles. Aussitôt qu'un essaim s'est établi dans une Ruche, que le gouvernement y a pris une forme stable, qu'il s'est assuré de la possession d'une Reine féconde & unique, les trois espéces d'Abeilles se livrent chacune aux fonctions pour lesquelles la Nature les a formées. Les ouvriéres partagent le travail entre elles. Les unes volent à la campagne pour y chercher de la cire propre à bâtir les alvéoles;

d'autres de la propolis, pour boucher les trous, & les fentes de la Ruche ; elles apportent ces matériaux au domicile commun, & les remettent à d'autres Mouches qui vont fur le champ les employer à leur deſtination. Pendant ce tems-là, d'autres Abeilles vont à la proviſion du miel, elles en prennent d'abord, comme la juſtice le veut, ce qui leur convient pour leur nourriture, & apportent le ſurplus pour l'entretien de celles qui travaillent au-dedans, & pour remplir les magaſins. Pendant que les ouvriéres s'occupent ainſi, ſoit à la conſtruction des magaſins, & à les remplir de vivres, ſoit à bâtir des alvéoles pour recevoir la poſtérité qu'elles attendent, la Mere Abeille travaille de ſon côté à perpétuer l'eſpéce ; elle n'eſt occupée qu'à aller d'alvéoles en alvéoles, collant un œuf dans le fond de chacun. Elle commence quelquefois fa ponte dès le lendemain de fon arrivée dans la nouvelle Ruche. C'eft tout ce que les ouvriéres peuvent faire que de lui fournir dans ces premiers jours, affez de cellules pour y dépofer fes œufs. Sa petite Cour ne la quitte point pendant cette importante fonction. Vous vous fouvenez que les foins de cette petite Cour, font de préfenter du miel à cette Reine, de la nettoyer, de la décraffer, de la flatter, de lui rendre tous les petits offices qu'une bonne mere a droit d'attendre d'une famille tendre & affectionnée, & enfin de lui épargner tous les autres foins qui la détourneroient de celui auquel elle feule peut fatisfaire.

CLARICE. C'eft bien affez de befogne d'avoir deux cens enfans à faire chaque jour, il étoit jufte qu'elle eût des Femmes de Chambre qui priffent foin de fa perfonne.

Eugene. Pendant qu'on bâtit des alvéoles, pendant que la Reine les remplit de l'espérance d'une postérité nombreuse, les Mâles, ou Fauxbourdons mettent à profit les six semaines ou environ qui leur sont accordées pour vivre, à compter du jour de l'établissement de la colonie. L'unique emploi de ceux-ci, après celui auquel la Reine veut bien les admettre, est de boire, manger, dormir, & se réjouir. Leur tems accompli, ils seront exterminés, soit par mort, soit par une fuite précipitée, à laquelle on les contraindra. Les travaux, les récoltes, les provisions, les soins du demeurant ne les regardent point, c'est l'affaire des ouvriéres, auxquelles je reviens. A peine la brillante Aurore a-t-elle jetté ses premiers rayons, & doré l'horison, que l'Abeille toujours diligente & matinale est sur ses pieds, & bientôt en l'air. C'est un plaisir de se trouver dès la pointe du jour à la porte d'une Ruche, & de voir avec quelle joie, & quelle vivacité ce petit Peuple s'échappe du séjour ténébreux, où il a passé la nuit, pour courir aux champs. En un moment tout l'air en est rempli. De quelque côté que vous jettiez les yeux, chaque fleur a son Abeille qui la pille. Dans les mois d'Avril & de Mai, nos moissonneuses travaillent du matin au soir, sans interruption. Point de tems perdu dans le printems; la saison est douce & favorable, on en profite.

Clarice. Belle leçon pour la jeunesse, qui croit que le printems de son âge n'est fait que pour les plaisirs.

Eugene. Mais lorsque les mois de Juin & de Juillet sont arrivés, & que les grandes chaleurs de l'Eté commencent à se faire sentir,
le

le fort de la récolte est depuis le matin jusques vers les dix heures. Ce n'est pas que l'on n'en rencontre toujours quelques-unes que l'amour du travail ou de la patrie emporte pendant le plus chaud du jour, & que l'on voit revenir avec du butin; mais le nombre en est petit en comparaison des autres.

CLARICE. Vous me donnez à croire qu'il y a parmi les Abeilles, comme parmi nous, des tempéramens plus robustes & plus faits à la fatigue les uns que les autres ; qu'il y a des Egyptiens, & des Éthiopiens, pour qui le soleil le plus brûlant n'est qu'une douce chaleur, & des François, ou des Allemands qui n'aiment pas à quitter leur zône tempérée.

EUGENE. Mon intention n'est pas que vous l'entendiez ainsi. Il est à la vérité des Abeilles de toutes nations, il y en a d'Egyptiennes, & de Moscovites. Le soleil qui brûle les plaines de Lybie, voit des flottes d'Abeilles voguer sur le Nil; l'air froid & cuisant de la Russie, ne chasse point celles dont ses forêts sont peuplées. Ce que j'ai voulu vous dire, se réduit à ce qui suit. Les Abeilles trouveroient sans doute autant de poussiére sur les fleurs des plantes en plein midi, qu'elles en trouvent le matin. Ces poussiéres même desséchées par la chaleur, seroient plus aisées à détacher, mais il ne convient pas à l'Abeille de les recueillir lorsqu'elles sont trop séches; alors il ne lui seroit pas aisé de les lier ensemble, & d'en faire une masse. Cela lui est bien plus facile lorsque ces poussiéres sont encore humectées par la rosée de la nuit, ou par les liqueurs qu'elles ont laissé transpirer. Les Abeilles donc qui rapportent des pelotes de cire en plein midi, sont celles qui les ont trou-

vées dans des lieux aquatiques & placés à l'ombre, où les fleurs se conservent aussi humides & fraîches pendant le haut du jour, que les autres le sont le matin. Il est vrai que dans le commencement d'un établissement la récolte se fait à toute heure; quelque chaud qu'il fasse, il faut trouver de la cire, du miel, de la propolis, parce que, comme je vous l'ai déja dit, l'ouvrage presse furieusement dans ces premiers jours. Il est question de vivre, de se loger, de se mettre à couvert, & de construire des berceaux pour les petits qui vont naître; quatre articles bien essentiels, & qui ne peuvent souffrir de retardement. Aussi nos Mouches n'épargnent alors ni peines, ni fatigues pour avoir le nécessaire: une Abeille ne plaint point un voyage d'une lieue, pour trouver une pelote de cire grosse comme la tête d'une épingle. Mais
N ij

la communauté une fois établie, & à son aise, les pourvoyeuses choisissent les tems & les heures qui leur conviennent le mieux, pour aller à la provision.

CLARICE. Je les approuve ; je ne veux point que l'on soit prodigue de ses peines, non plus que de son repos. N'est-ce pas pendant ces longues courses, qu'il leur arrive d'avoir recours à une industrie, dont j'ai entendu souvent faire le récit ? C'est de saisir une petite pierre entre leurs pattes, & de voler chargées de ce poids, afin que le volume de leur corps devenu plus pesant, soit moins exposé à être le jouet des vents.

EUGENE. Vous allez sçavoir ce qui en est, en apprenant comment elles s'y prennent dans les mauvais tems. Le tems est présentement très-beau, la chaleur assez tempérée, nos Ruches bien fournies, nos Abeilles vives, & en plein travail ; vous voyez à leurs portes un concours de Mouches, plus grand que celui des hommes dans les lieux les plus fréquentés; les unes arrivent de la campagne chargées de matériaux & de provisions, pendant que d'autres prennent l'essor, pour aller faire des récoltes semblables. Ce ne sont présentement qu'allées & venues. Mais l'inconstance du tems ne leur permet pas toujours d'en agir ainsi. Il arrivera tel jour, telle heure, où, au milieu d'un travail vif & assidu, vous serez surprise que tout-à-coup aucune Mouche ne sortira plus, mais que toutes se presseront pour rentrer, les portes ne seront pas assez grandes pour l'affluance. Lorsque vous verrez ce retour imprévû, regardez alors en l'air, & vous serez bientôt au fait de la cause qui aura déterminé les Mouches à revenir si brusquement chez elles. Vous verrez de ces nuées noires qui annoncent une pluie prochaine. Soit que les Abeilles jugent comme nous de ces nuées par leurs yeux, soit qu'elles soient instruites de leur approche par quelques autres sens, dont nous n'avons aucune idée ; elles sçavent ordinairement prévenir l'orage, & se mettre à couvert. Il s'en trouve cependant toujours quelqu'une qui est la victime de sa foiblesse, ou qui emportée trop loin par l'ardeur du butin, est enlevée par l'ouragant. Mais en général les Abeilles prévoient la pluie, & l'évitent eng agnant au plûtôt le logis, ou en se mettant à couvert sous des feuilles. Ce sont ces tems orageux qui ont donné lieu à Aristote, Pline, & à quelques autres Auteurs, d'imaginer qu'elles sçavoient se mettre en état de tenir ferme contre l'impétuosité du vent ; que pour n'en être pas le jouet, elles se lestoient, pour ainsi dire, avant que de prendre leur vol, d'une petite pierre qu'elles tenoient saisie entre leurs jambes. La vie des Abeilles est assez féconde en merveilles véritables, sans avoir besoin d'être encore enrichie par des fables. Le fait des petites pierres est un conte, qui n'a rien de réel chez les Abeilles.

CLARICE. Vous y allez, Eugene, d'un ton bien affirmatif. Si je vous disois que l'Intendant de mes Ruches, vous sçavez que c'est maître Jacques, m'a assuré ce fait vrai, & qu'il en a été témoin. Un jour même se promenant avec moi dans mon jardin, il ramassa à mes pieds une Abeille morte; il me fit voir qu'elle avoit encore entre ses pattes, la petite pierre dont elle étoit chargée.

EUGENE. Maître Jacques vous servira de preuve que tout le monde ne sçait pas voir, & que bien des gens qui disent, *J'ai vû*, n'en font pas pour cela plus croyables. Si le bon homme eût mis ses lunettes, & s'il y eût regardé de plus près, il eût peut-être reconnu son erreur, qui est aussi celle de bien d'autres. Voici ce qui a donné lieu à cette méprise, comme Swammerdam l'a fort bien remarqué. Il y a une espéce d'Abeilles qui bâtissent leurs nids contre les murs avec du mortier. Ces nids ont la forme à peu près de la moitié d'un œuf de pigeon. Cette Mouche est un vrai maçon, qui sçait faire du mortier avec du gravier & de la terre détrempée. Lorsqu'elle y travaille, on la rencontre souvent dans l'air, ou sur quelque endroit où elle se repose, avec les matériaux qu'elle transporte. Quand on se contente de la regarder précipitamment, on la confond aisément avec la véritable Abeille, on la prend pour elle, comme a fait l'Intendant de vos

Ruches, Aristote, Pline, & les autres. Ces observateurs trop prompts à juger, croyant que cette pierre appartenoit à l'Abeille, lui ont imaginé un usage qui n'est rien moins que le véritable. S'ils eussent eu la patience de suivre la Mouche avec sa pierre, & de voir l'emploi qu'elle en alloit faire, ils eussent apperçu qu'elle alloit gagner un mur, ils l'eussent vû maçonner contre ce mur un demi-globe; enfin, ils eussent reconnu qu'il n'y a qu'une ressemblance très-éloignée, & très-imparfaite entre cette Abeille, & celle qui nous donne du miel. Retranchons donc encore cette fable de nos légendes, & tenons-nous-en au vrai, qui est que les Abeilles se sauvent de l'orage comme elles peuvent, & que la diligence à retourner à la Ruche, est le meilleur secret qu'elles y sçavent. Lorsqu'un tems favorable permet à nos Mouches de suivre leur train ordinaire, le concours de celles qui apportent des provisions est grand, & sans interruption. Les unes apportent de la propolis pour boucher les fentes de la Ruche. Je n'ai rien à ajouter à ce que je vous ai dit sur cet article. D'autres apportent du miel. Le vase dans lequel elles le transportent, est leur propre estomac. Ce n'est pas toujours en portant son miel dans une cellule qu'une Mouche s'en défait, souvent elle en trouve le débit en chemin. Quand elle rencontre de ses compagnes qui ont besoin de nourriture, & qui n'ont pas eu le tems d'en aller chercher elles-mêmes, elle s'arrête, elle redresse & étend sa trompe, afin que l'ouverture par laquelle le miel peut sortir, se trouve un peu au-delà des dents, elle pousse du miel vers cette ouverture. Les autres Mouches qui sçavent bien que c'est-là qu'il faut le prendre, y portent le bout de leur trompe, & le lappent. Il se trouve assez souvent des Mouches zélées pour la fourniture des magasins, qui entrent rapidement dans la Ruche, sans faire honnêteté à personne de leur miel ; s'il leur arrive d'être rencontrées par des ménagères qui aient un besoin présent de nourriture, & qui ne puissent pas en aller chercher, celles-ci l'arrêtent, la tiraillent, la mordent, & ne lui donnent point de repos, jusqu'à ce qu'elle leur ait dégorgé toute sa provision. La Mouche qui n'a pas été arrêtée en chemin, se rend souvent aux ateliers des travailleuses, elle leur offre du miel, comme pour empêcher qu'elles ne soient dans la nécessité de quitter leur travail pour aller chercher leur vie, ou bien elle va remplir les magasins. Les Mouches qui apportent la cire brute, l'avalent quelquefois en chemin, mais elles attendent plus communément qu'elles foient rentrées, pour la remettre à d'autres ouvriéres, qui fe chargent de faire paffer cette cire brute dans leur eftomac, pour y acquérir la qualité de vraie cire ; ou bien elles vont la dépofer elles-mêmes dans des magafins, pour fervir en tems & lieu. Ceci mérite de vous être rendu avec un peu plus de détail. La Mouche qui arrive avec deux pelotes de cire brute, dont fes compagnes n'ont pas jugé à propos de la débarraffer, entre dans une cellule vuide, & alors avec le bout de chacune de fes jambes du milieu, elle détache les deux pelotes de fes deux grandes jambes poftérieures, & les laiffe au fond de l'alvéole. Ordinairement dès que l'Abeille s'eft défait de fes deux petits fardeaux, elle part, foit pour aller fur le champ s'occuper d'un nouveau travail, soit pour se joindre aux Mouches, qui, par un repos nécessaire & mérité, se préparent de nouvelles forces. Mais à peine les deux pelotes sont-elles tombées dans une cellule, qu'une autre Mouche y entre aussi-tôt, & y reste quelquefois pendant un tems assez considérable : on ne voit pas ce qu'elle y fait, mais quand elle en est sortie, il est aisé de juger ce qu'elle y a fait. Les deux pelotes sont alors réunies dans une même masse, qui a été poussée jusqu'au fond de la cellule, qui a été pressée, & dont la surface a été applanie. Dès qu'il y a une fois deux pelotes de cire brute dans une cellule, il est décidé qu'elle doit être un petit magasin, destiné à être rempli de pareille matiére. Jusqu'à ce qu'elle le soit, les Abeilles viennent les unes après les autres s'y décharger de leur récolte de cire brute, que d'autres Mouches paîtriffent, preffent, & arrangent après l'avoir détrempée & liée avec du miel. Quelquefois la Mouche qui a apporté les deux pelotes, prend elle-même tous ces foins. Pendant que ces chofes fe paffent, d'autres Abeilles travaillent à conftruire des alvéoles, d'autres à les réparer, d'autres apportent de la bouillie pour les petits, lorfque les œufs font éclos. Nous avons parlé ci-devant, & plus en détail de toutes ces chofes. L'eftomac des Abeilles, eft l'uftenfile le plus effentiel de leur ménage, & du plus grand ufage. C'eft proprement leur cuifine, & leur laboratoire en même-tems. Je vous ai déja dit qu'il étoit double. Dans l'un elles convertiffent la cire brute, partie en aliment, partie en cire proprement dite. Dans l'autre la matiére du miel fe change pareillement, foit en leur propre nourriture, soit en vrai miel. C'est aussi dans ce laboratoire qu'elles cuisent des bouillies de plusieurs espéces, suivant les différens âges de leurs petits, & suivant même la dignité des personnes, puisqu'on en donne aux Reines d'un goût tout différent de celle des autres. Nos ouvriéres ne peuvent rien faire lentement. Tout ce qu'elles font, elles le font toujours avec une vivacité si prodigieuse, qu'on auroit de la peine à concevoir comment elles suffisent à leur travail, si on ne sçavoit qu'elles sçavent le partager entr'elles, & se donner alternativement des tems de repos.

CLARICE. Vous me fîtes voir dans notre premier Entretien, de quelle façon elles prennent ce repos. C'est, si je m'en souviens, en se suspendant en guirlande, ou en masse. Je les vois encore de même dans cette Ruche-ci. *&* ⁎ *Pl.* X. *Fig.* 3. Tome I. *Pl.* I. *Fig.* 1. *& 2.*

Eugene. Croyez-vous, Clarice, que j'ai connu de fort honnêtes gens qui s'étoient mis dans la tête que les Abeilles avoient alternativement des jours ouvriers, & des jours de fête ? Que celles qui avoient travaillé un jour, ne travailloient pas le jour suivant ; ou au moins que les mêmes Abeilles ne sortoient pas tous les jours de la Ruche ?

Clarice. Supposé que je fusse du sentiment de ces honnêtes gens qui pensoient si extraordinairement, comment feriez-vous pour prouver le contraire ?

Eugene. Quoique ce sentiment ne soit appuyé sur aucune preuve, je le combattrai sérieusement, puisque vous paroissez l'honorer de votre protection. Et je le ferai par un calcul que je soumets à votre contradiction.

Clarice. Si le calcul s'en mêle, je renonce au plaisir de la dispute.

Eugene,

Eugene. Vous défefpérez trop promptement de vos plaifirs. Les Dames ont bien des reffources en ce genre. Je m'en vais vous donner matiére à exercer votre fagacité. Votre fentiment auroit quelque vraifemblance, fi le nombre des Abeilles qui fortent chaque jour d'une Ruche, étoit moindre que celui de toutes les Abeilles qu'elle contient ; car on pourroit alors fuppofer qu'une partie refte tout le jour à la maifon, pendant que l'autre eft aux champs. Mais fi le nombre de celles qui fortent eft égal, ou plus grand que celui du nombre total des fujets qui compofent la république, il eft plus naturel de penfer que l'Abeille qui eft revenue de la campagne avec fa charge, fe repofe pendant un certain tems, & qu'elle retourne enfuite au travail, que de croire qu'elle continue de fe donner les mêmes fatigues pendant tout le jour. Or pour pouvoir appuyer mon opinion fur quelque chofe qui fût plus que probable, j'ai jugé qu'il n'y avoit qu'à fçavoir quel eft à peu près le rapport du nombre des Abeilles qui fortent de la Ruche dans chaque jour propre au travail, avec le nombre total des Abeilles de la Ruche. Pour y parvenir, au lieu de compter le nombre de celles qui en fortent, j'ai compté le nombre de celles qui y rentrent, ce qui revient au même, & eft plus facile. J'ai compté à différentes heures du jour, & dans différentes Ruches plus ou moins peuplées, le nombre de celles qui rentroient dans leur Ruche pendant un certain nombre de minutes. Vous jugez bien que ce nombre n'étoit point exactement égal. J'ai vû rentrer dans telles Ruches cent Mouches par minutes, tantôt plus, tantôt moins; de forte que je crois pouvoir prendre ce nombre de cent pour un terme moyen. Vous n'ignorez pas qu'il y a 60 minutes dans une heure. Si donc cent Mouches sortent pendant chaque minute, il en sort six mille par heure. Les Abeilles sortent quelquefois dans les longs jours dès quatre heures du matin, & ne cessent de sortir que vers les huit heures du soir, ce qui fait seize heures. Mais comme il y a des momens où ces sorties ne sont pas si vives que dans d'autres, je ne compterai le nombre des sorties que pendant quatorze heures. Or si six mille Mouches sortent toutes les heures, il en doit sortir quatre-vingt quatre mille pendant quatorze heures. Cependant la Ruche sur laquelle j'ai fait ce calcul, n'étoit composée que de dix-huit mille Mouches. Donc le nombre de quatre-vingt-quatre mille qui étoient rentrées, n'avoit pû être rempli qu'en suppofant que chaque Abeille étoit au moins fortie quatre fois dans la journée, & quelques-unes cinq fois pour aller à la provifion. Par d'autres calculs fur des Ruches moins peuplées, j'ai été convaincu qu'une même Mouche pouvoit faire jufqu'à fept forties par jour. Enfin vous fçavez à combien d'autres ouvrages quantité d'Abeilles font occupées dans la Ruche. D'où vous pouvez conclure que fi le nombre de celles qui font en repos eft grand, il n'eft pas compofé pendant long-tems des mêmes Mouches; qu'à mefure qu'il y en a quelques-unes qui fe joignent au gros pour fe tranquillifer, il y en a d'autres qui en partent pour reprendre le travail.

Clarice. Vous êtes un admirable homme, Eugene, avec vos calculs. Je ne connois que vous capable d'en imaginer de pareils. Cependant ce dernier-ci ne m'inftruit pas entiérement. Sont-ce toutes les Mouches d'une Ruche qui font cinq, jufqu'à fept voyages par jour? n'y en a-t-il pas de continuellement fédentaires? J'imagine que les différens travaux des Abeilles font diftribués fuivant les différens talens. Je crois, par exemple, que celles qui vont aux champs, font les plus robuftes; que ce font les Payfans de la République; que c'eft la claffe des Architectes qui travaillent aux alvéoles; que celles qui ne fçavent pas faire mieux, font le métier de Nourrices; & qu'enfin ce font celles qui préfument avoir plus de politeffe, dés maniéres plus nobles, & plus d'intelligence pour la flaterie, qui forment la cour de la Reine.

Eugene. Je n'ai point d'expériences & de calculs propres à éclaircir ces faits. Je ne vous donnerai que mon fentiment que je crois très-probable. C'est que toutes les Abeilles ouvriéres sont nées avec les mêmes talens ; que ces talens sont dans toutes au même, ou presque au même dégré de perfection : que c'est le hazard ou l'occasion prochaine qui distribue les différens ouvrages, & que toutes les Mouches y travaillent indifféremment suivant que les choses se présentent. On peut croire même qu'elles se reposent d'un travail trop fatiguant par un autre plus tranquille, sans préjudice de quelques heures d'inaction : comme nous faisons souvent nous-mêmes en passant d'un travail rude à un autre plus doux, & de-là au sommeil. Ainsi ces masses de Mouches que vous voyez accrochées les unes aux autres, & qui sont si tranquilles pendant que d'autres se donnent tant de peine & de soins, jouissent apparemment d'un repos qu'elles ont mérité par le travail ; elles reprennent des forces pour être en état d'agir de nouveau, & de relever d'autres Abeilles, lesquelles actuellement employées à des exercices fatiguans, auront besoin de se reposer à leur tour. On ne doit pas oublier de mettre au nombre des occupations & des travaux des Abeilles, l'attention qu'elles ont de tenir la Ruche propre, d'enlever les corps morts & toutes les ordures, de donner la chasse aux Insectes, de nourrir les petits, de boucher les alvéoles lorsque le tems du changement des Vers en Nymphes est arrivé, de les nettoyer, & d'enlever les dépouilles après le changement des Nymphes en Abeilles, & d'étayer les gâteaux qui paroissent n'être pas assez solidement établis, & enfin d'exterminer les mâles. Je vous ai parlé de toutes ces choses avec plus d'étendue dans nos précédens Entretiens.

CLARICE. Mettrons-nous au rang de leurs travaux, leurs guerres & leurs querelles?

EUGENE. J'ai une idée si noble de ce que l'on appelle travail, que je serois tenté d'exclure de la classe des travaux tout ce qui ne produit que désordre & confusion dans le monde, comme les guerres. Cependant l'usage, maître des langues, ayant prévalu, puisqu'en parlant de nos guerres, nous disons les travaux de Mars, laissons aussi les combats des Abeilles au nombre de leurs travaux. Pour achever de vous donner une idée complette & raccourcie de tout ce qui se passe dans une Ruche, il faut vous rappeller que l'intervalle de tems qui est entre l'entrée d'un essaim, & la sortie d'un autre, est d'environ six semaines; que pendant ce tems-là les œufs sont pondus tous les jours; que de ces œufs éclos il en naît

naît consécutivement des Vers qui sont nourris avec soin & affection ; que ces Vers deviennent des Abeilles ; & que c'est cette ponte & cette naissance journaliére qui multiplie les Mouches au point, que leur nombre devenu trop grand, elles se trouvent enfin obligées de se partager. C'est ce qui donne lieu à la sortie des essaims. Nous voilà parvenus à la révolution de ce cercle qui comprend la vie complette des Abeilles. Ce seroit entreprendre un détail de trop longue haleine, que de commencer aujourd'hui à vous entretenir de cette sortie, il suffira pour remplir demain toute notre séance. Mais avant que de nous séparer, je m'en vais prendre une précaution qui pourra nous être utile lorsque nous reviendrons ici. C'est de faire la revue de toutes ces Ruches qui sont devant nous, pour voir s'il n'y en auroit point quelqu'une qui fût prête à laisser partir une colonie, ce qu'on appelle communément jetter ou essaimer. Depuis que nos Entretiens ont commencé, elles ont eû le tems de s'y préparer.... Approchez, Clarice, votre oreille de cette Ruche-ci... Qu'entendez-vous?

CLARICE. J'entends un petit bourdonnement. Il me paroît y avoir ici bien de l'agitation. Est-ce que l'essaim va sortir? Si cela est sauvons-nous; car si la mere Abeille s'avisoit de venir se camper sur ma tête ou sur mon épaule, elle m'attireroit tout l'essaim, & je serois la femme aux mouches qu'on feroit servir de pendant à l'homme aux mouches du P. Labbat. Je ne suis point curieuse de pareille réputation.

EUGENE. Vous n'avez rien de semblable à craindre. Il est tard, & les essaims ne sortent jamais dans ces heures-ci. Ce bourdonnement vous annonce seulement un essaim qui sortira demain. Il y a plusieurs signes ausquels on connoît la sortie prochaine d'un essaim. 1°. Lorsqu'on entend un petit bourdonnement pareil à celui-ci. On l'entend ordinairement dès la veille au soir. 2°. Lorsque l'on voit des fauxbourdons ou mâles. 3°. Lorsque la Ruche paroît si pleine de Mouches, qu'une partie se tient en tas, & ammoncelées par milliers les unes sur les autres en-dehors. Mais le signe le moins équivoque & qui annonce l'événement pour le jour même, c'est lorsque les Abeilles cessent d'aller à la campagne, quoique le tems semble les y inviter. Nous verrons demain si cela se passera ainsi dans la Ruche qui bourdonne aujourd'hui.

CLARICE. Que veut dire ce bourdonnement & ces sons clairs

& aigus que j'entends ? Seroit-ce un conseil de guerre que les Abeilles tiendroient pour régler le départ de la colonie ?

EUGENE. Si on s'en étoit tenu à ce que vous dites, on n'auroit pensé qu'une chose qui peut se supposer, quoique très-incertaine. Mais vous ne devez pas douter que l'esprit fabuliste qui a toujours dominé chez les Ecrivains des Abeilles (il faut pourtant excepter de ce nombre Swammerdam, M. Maraldy, & l'Auteur d'après qui je parle) ne les ait inspirés au sujet de ces sons comme sur le reste. Quelques-uns ont dit que c'est la nouvelle Reine qui harangue la troupe qui doit la suivre. Quelques autres, que ce chef féminin les anime avec une espéce de trompette, pour leur donner courage à tenter une grande & & périlleuse avanture. Celui de tous qui a le mieux réussi à débiter de jolies extravagances au sujet de ce bourdonnement, est Charles Butler dans son Livre intitulé, *la Monarchie féminine*. Je terminerai notre Entretien en vous rapportant le plaisant commentaire que cet Auteur a fait sur ce bourdonnement. J'espere qu'il pourra vous réjouir. Butler dit que par ce bruit il semble que l'Abeille qui aspire à devenir Reine, supplie la Reine mere par des lamentations & des gémissemens, de lui accorder la permission de conduire une colonie hors de la Ruche; que la Reine ne se rend quelquefois à de si touchantes priéres qu'au bout de deux jours; que quand elle y acquiesce, elle répond à la Suppliante d'une voix plus pleine & plus forte; que lorsqu'on a entendu la mere accorder cette permission, on peut espérer dès le lendemain d'avoir un essaim, si le tems n'est pas contraire à sa sortie.

Il a déterminé enfin toutes les modulations du chant de l'Abeille suppliante, les différentes clefs sur lesquelles elles se font, & les sons dont elles sont composées.

Clarice. Je voudrois pour la rareté du fait, qu'il les eût nottées.

Eugene. Il étoit homme à le faire, je crois même qu'il l'a fait. Ce n'est pas tout. Il prétend qu'il n'est pas permis à celle qui veut s'élever au rang suprême, d'imiter les chants de la Souveraine; malheur à la jeune femelle si cela lui arrive; elle ne le fait que par un esprit de révolte, dont elle est punie sur le champ par la perte de sa tête. Si l'ingénieux Auteur du langage des Bêtes dont vous avez lû l'Ouvrage avec tant de plaisir, & que vous avez condamné avec raison, eût voulu nous expliquer ce bourdonnement, il vous auroit certainement plus satisfait que Butler.

CLARICE. Je n'en doute point. Cependant malheur à tout homme qui voudra s'aviser d'expliquer le langage des Bêtes : c'est l'énigme du Sphinx.

EUGENE. Quoi qu'il en soit, ce bourdonnement m'apprend que nous verrons demain la sortie d'un essaim. Je m'en vais prendre des arrangemens afin que vous soyez avertie à tems, pour ne pas laisser échapper une occasion qui sera favorable à nos Entretiens. Je poserai une sentinelle qui nous avertira à propos.

CLARICE. Pour remplir utilement le tems de notre retour au château, apprenez-moi, chemin faisant, par quel organe l'Abeille rend ces sons que nous venons d'entendre.

EUGENE. Et que vous entendrez encore demain lorsque l'essaim sera sur le point de partir. Ces sons sont produits par des coups de leurs aîles contre l'air ; car leurs aîles font les feules organes de leur voix ; en les agitant plus ou moins fortement & preftement, elles frappent l'air, & forment ces tons variés & confus que nous appellons un *bourdonnement*. L'Abeille qui a perdu fes aîles, ou dont on les a coupées, eft parfaitement muette.

Clarice. Cela eft décifif. En eft-il de même du murmure que nous font entendre ces Mouches qui vont bourdonnant autour de nos oreilles, dans nos jardins & dans nos campagnes ?

Eugene. C'eft la même méchanique. Je ne connois aucun Infecte volatile qui rende du fon par la poitrine comme les autres animaux.

Clarice. Prétendez-vous auffi que la cigale que *La Fontaine* nous peint fi agréablement chantant tout l'Eté, ne chante qu'avec fes aîles ?

Eugene. La cigale est une exception à la régle générale. Il est vrai que plusieurs ont pareillement attribué son chant à une agitation prompte des aîles, accompagnée d'un frottement des supérieures contre les inférieures. Ils ont été conduits à le penser ainsi par l'exemple des grillons, & de quelques sauterelles. Mais ils se sont trompés. La nature a fait pour la cigale un organe exprès, composé avec un art admirable, dont je vous entretiendrai peut-être quelque jour. Je vous dirai seulement aujourd'hui que la cigale est ventriloque, c'est-à-dire, que l'organe de sa voix est dans son ventre, & non point dans sa poitrine; que c'est une tymbale véritable dont la membrane haussée & baissée prestement par un muscle à ressort, frappe l'air, & forme ce bruit que l'on honore du nom de chant.

CLARICE. Ne pourrions-nous pas dire que la nature a fait la bonne mere, lorfqu'elle s'eft mife en fi grands frais pour fournir à un Infecte un petit tambour pour l'amufer toute la journée ?

EUGENE. Je crois que nous pourrions penfer mieux d'une fi fage ouvriére, en lui attribuant des vues plus férieufes & plus importantes. Faites attention que c'eft au mâle feul qu'elle a donné la faculté de rendre ce bruit ou cri. Or il eft très-probable que c'eft par ce moyen qu'il avertit la femelle de fa préfence, qu'il l'appelle, & que ces animaux ordinairement cachés fous les feuilles des arbres, viennent à bout de fe rencontrer.

XV. ENTRETIEN.

Des Essaims.

CLARICE. Croyez-vous, Eugene, que nous verrons bientôt un Essaim s'échapper, & se jetter sur nos buissons?

EUGENE. Il n'y a pas de doute, car je vois d'ici notre sentinelle qui nous fait signe d'avancer vers la Ruche.

CLARICE. Hâtons donc nos pas, ne perdons point cette heureuse occasion. En attendant que nous y soyions, apprenez-moi quels sont le tems & les heures les plus propres pour déterminer les essaims à sortir.

EUGENE. A l'égard de l'heure, ce n'est guéres que lorsque le Soleil a échauffé l'air, c'est-à-dire, depuis les 10. à 11. heures du matin, jusques vers les 3. heures après midi. Les Mouches qui font en trop grand nombre dans une Ruche, y font naître une chaleur considérable; si cette chaleur est encore augmentée par l'action du Soleil sur la Ruche, ou par quelques heures d'un tems chaud & couvert, les Mouches ne la peuvent plus soutenir, elles étouffent, il faut qu'elles se séparent pour se donner de l'air. Quant au tems, il dépend du trop grand nombre de Mouches nouvellement nées. Mais divers contretems dont plusieurs peuvent venir du froid, du vent, de la pluie, retardent la sortie d'un essaim. Dans différens pays, les essaims sortent en différens mois, & dans le même pays, ils sortent tantôt plutôt, tantôt plus tard, selon que la saison a été plus ou moins favorable. Dans ce pays-ci les Ruches ne donnent guéres d'essaims, ce qu'on appelle aussi des jettons, que vers la mi-Mai pour le plûtôt, & pour le plus tard au-delà de la mi-Juin.

Clarice. Nous voilà arrivés, & l'essaim n'est point encore parti. Voyons si nos Mouches font le même bourdonnement qu'elles faisoient hier.... oui c'est le même, je l'entends, il me semble encore plus fort.

Eugene. Il ira toujours en augmentant jusqu'au moment du départ.

Clarice. Je remarque aussi la vérité de ce que vous m'avez dit, c'est que dans ces derniers momens on ne va presque plus à la campagne, tous les ouvrages me semblent cessés.

Eugene. Ils le sont dès le matin. Quoiqu'une aurore brillante promette aux Abeilles un beau jour, & propre à faire une abondante récolte, on en voit cependant très-peu fortir dès le matin du jour où toute la nation doit fe partager.

Clarice. Pourquoi ces Mouches qui travailloient hier avec tant d'ardeur, ont-elles ceffé tout ouvrage long-tems avant celui de leur féparation ? Sçavoient-elles dès l'Aurore, qu'elles devoient abandonner cette habitation vers les trois heures après midi ? C'eft un tems bien long pour une Abeille que huit à dix heures : c'eft prévoir les chofes de loin. Leur donnez-vous tant de prévoyance ?

Eugene. Que peut-on refufer à des animaux qui fçavent prévoir, & prévenir dès le printems les difettes de l'hyver ?

Clarice. Continuons de les voir, & d'admirer. Voilà une foule prodigieufe de monde aux portes ; de grands mouvemens ; il paroît beaucoup d'inquiétude & d'agitation parmi ce Peuple. On ne peut pas douter qu'il ne médite quelque chose d'important.

Eugene. C'est assurément une affaire de la plus grande conséquence, de se résoudre à quitter sa patrie, pour aller s'établir en pays étranger, qui pis est, sans sçavoir où l'on ira, & si l'on trouvera un gîte commode.

Clarice. Notre Intendant des Ruches y a pourvû, il en tient une destinée à recevoir l'essaim.

Eugene. Si les Abeilles étoient instruites que nous ne les entretenons que pour pouvoir plus facilement dérober leurs travaux, elles ne douteroient point de notre charité pour elles; mais comme elles l'ignorent, elles ne comptent que sur la providence de la Nature. C'est toujours au hazard qu'elles se mettent en chemin. C'est un parti pourtant qu'elles ne prendroient jamais, si elles n'y étoient déterminées par un Chef, & si elles n'avoient parmi elles une Reine propre à perpétuer l'Empire qu'elles vont fonder : car quoique la trop grande quantité des Abeilles d'une Ruche puisse être une des causes qui déterminent une colonie à se séparer du reste, ce n'est pas une cause qui y suffise seule. J'ai eu plusieurs fois des Ruches qui étoient très-pleines de Mouches, & plus pleines qu'elles ne pouvoient l'être, dont une partie étoient obligées de se tenir dehors, ramassées en peloton, sans que ces Ruches aient donné d'essaim, parce qu'elles n'avoient point de Reine. D'autres Ruches au contraire, dans lesquelles il y avoit beaucoup de vuide, où les Mouches étoient encore fort à leur aise, m'ont souvent donné des essaims. Enfin il est certain que s'il n'y a pas dans une

une Ruche une jeune mere propre à mettre au jour une nombreuse postérité, quelque grande que soit la quantité des Mouches, elles y resteront toutes, & y périront plûtôt que de quitter la place.

Clarice. Il peut donc arriver à une Reine d'oublier de pondre des Reines ?

Eugene. Il est plus vraisemblable que cet accident arrive plûtôt par un défaut naturel, que par oubli ; il peut se faire aussi que les œufs femelles seront péris avant que d'éclore, ou les vers avant d'avoir produit des Reines. Mais quelle qu'en soit la cause, il est certain qu'il manque quelquefois une Reine à un essaim. J'en ai fait l'expérience. J'ai noyé plusieurs de ces Ruches dont les essaims s'obstinoient à ne point sortir, & après en avoir examiné toutes les Mouches avec attention, j'ai toujours reconnu qu'il n'y avoit qu'une seule mere, qui étoit l'ancienne, & qu'il n'y en avoit point de nouvelle pour conduire la colonie.

Clarice: Ah! voilà notre essaim qui s'échappe. Ce spectacle qui est nouveau pour moi, me paroît agréable. Ne le perdons point de vûe. Quelle nuée de Mouches! L'air qui nous environne en est aussi rempli qu'il l'est de flocons de neige dans certains jours d'hyver. Où vont aller toutes ces pauvres bêtes? Elles tournent, & retournent dans l'air, pour voir sans doute où elles iront se gîter. Faites-leur présenter une Ruche, pour ne les pas laisser plus long-tems dans l'inquiétude.

Eugene. Elles ne l'accepteroient pas. Nous en viendrons mieux à bout quand nous leur aurons laissé le soin d'examiner elles-mêmes en quel endroit il leur convient de se rassembler.

Clarice. Est-ce la Reine qui

fait ce choix? est-elle à la tête?

EUGENE. Il y a beaucoup de hazard dans tout ceci. Suivons la marche de notre essaim; les Abeilles nous instruiront elles-mêmes, de ce que nous voulons sçavoir.

CLARICE. Hé! A quel propos est-ce que mon Jardinier les chasse? Cet homme est-il fou? Faites-le donc arrêter.

EUGENE. Laissons-le faire, il sçait son métier. Quand les Mouches s'élévent trop haut en l'air, comme font celles-ci, on les oblige à se rabbaisser en leur jettant à pleines mains du sable, ou de la terre en poudre. Vous voyez qu'il y réussit, & que votre essaim s'abbat.

CLARICE. Cela est vrai. Voilà une branche de pommier en buisson, sur laquelle une partie de nos Mouches est déja tombée, les autres les suivent de près, l'assemblée se grossit à chaque instant.

EUGENE. Approchons-nous pour les voir mieux. Remarquez de quelle façon elles font autour de la branche, ammoncelées, & *Pl.* X. cramponnées les unes aux autres *Fig.* 3. par leurs jambes.
let. B.

CLARICE. C'est sur-tout à la Reine que j'en veux. Une Reine qui posséde des qualités si convenables à son sexe, la majesté, la douceur & la fécondité, est un objet que je ne me lasse point de voir, & d'aimer. Tâchons de découvrir celle-ci. Mais le moyen d'en venir à bout dans une si prodigieuse multitude !

EUGENE. Comme je sçai ses allures ordinaires, je vous l'aurai bientôt fait voir... Regardez ici. Vous la verrez seule sur la même *Ib.* branche, & proche de l'essaim.
let. A.

CLARICE. Vous l'avez trouvée bien à propos, car elle rentre à l'instant dans le groupe, & s'y perd. Les autres Mouches qui l'ont environnée dès qu'elle a paru, nous la dérobent. Voilà préfentement l'effaim bien tranquille. Reftera-t-il long-tems dans cet état ?

Eugene. Tant qu'il plaira à votre Jardinier, qui prépare une Ruche pour recevoir ces nouveaux hôtes. Avant qu'il ait fini cette expédition, & qu'il foit en état de faire tomber les Abeilles dans la Ruche préparée, nous aurons le tems de dire bien des chofes au fujet des effaims.

Clarice. Cela étant, commencez par me dire pourquoi je n'ai point entendu fonner du chaudron, comme j'ai oüi dire que l'on faifoit dans ces momens-ci. Je m'attendois cependant à voir régaler nos Mouches d'une aubade.

Eugene. Pour vous mettre au fait de cette aubade affez inutile, quoique bien des gens la prétendent nécessaire, il faut que vous sçachiez que c'est ordinairement dans des jardins que l'on place les Ruches, afin d'être plus à portée de les soigner, & que les Abeilles puissent en même-tems trouver des fleurs, sans être obligées d'en aller chercher au loin. Ceux qui affectionnent leurs Ruches, ont soin aussi qu'il n'y ait dans ces jardins que des arbres bas, ou de ceux que l'on appelle *en buisson*, afin que les essaims ne s'arrêtent pas trop haut, & qu'on puisse les recueillir plus facilement. Malgré ces précautions, il arrive souvent aux essaims de prendre un vol trop élevé, qui les conduiroit loin, & les feroit perdre, si on n'avoit pas quelque expédient tout prêt pour les arrêter. Il y en a deux fort connus. Le premier consiste à leur jetter, comme vous venez de voir, du sable, ou de la terre pulvérisée.

CLARICE. Je n'aurois jamais imaginé qu'on feroit revenir des Mouches qui s'égarent, en leur jettant des pierres à la tête.

EUGENE. Les grains qui retombent fur elles, & dont elles font frappées, les déterminent à s'abbaiffer, elles les prennent peut-être pour des gouttes de pluie. L'abri le plus proche leur paroît alors le meilleur parti qu'elles aient à prendre. Le fecond moyen, auffi généralement, & auffi anciennement connu, c'eft de frapper fur des chaudrons, ou fur des poëles, dans l'inftant où l'effaim vient de partir. Ce n'eft point pour leur donner une férénade, ni pour célébrer leur bien-venue par un concert. On prétend que cette efpéce de charivari détermine les Abeilles à prendre plûtôt le parti de fe fixer, & de fe raffembler. On a apparemment été conduit à penfer ainfi, parce qu'on a remarqué que le bruit du tonnerre fait retourner à la Ruche, celles qui font à la campagne. Mais le tonnerre ne va jamais fans pluie, ou fans menace d'une pluie prochaine. Or, vous fçavez que la pluie eft un de ces fléaux qu'elles fçavent prévoir & prévenir. Ainfi il eft plus croyable que c'eft plûtôt la crainte de l'orage, que le bruit, qui les fait rentrer lorfqu'il tonne : car quelque tintamarre que l'on faffe avec des chaudrons dans des tems ferains, on ne voit point que celles qui font fur les fleurs en foient effrayées, & qu'elles s'empreffent davantage de retourner à leur habitation. Par conféquent, l'expédient de leur jetter du fable, eft le meilleur & le moins équivoque.

CLARICE. Nos Anciens auroient-ils laiffé paffer la fortie des effaims fans l'orner de quelques jolies fables ? Il me femble que j'ai entendu du parler autrefois de partis détachés, de Maréchaux des logis, d'espions, & de je ne sçai quoi encore.

Eugene. Cet article est trop susceptible d'ornemens pour avoir été oublié. Ceux qui se sont plû à nous raconter des merveilles de ces Mouches, n'ont pas manqué de dire qu'avant qu'un essaim s'expose à sortir de la Ruche, quelques-unes des Abeilles qui doivent le composer, s'en vont à la découverte comme des espions, qu'elles reviennent à la Ruche rendre compte de leur voyage, qu'ensuite les Maréchaux des logis de la Reine vont préparer les lieux. Réduisons ce petit Roman au vrai. Ce n'est que lorsque l'essaim est sorti de la Ruche, que quelques-unes des Mouches qui le composent, se décident à l'inspection des objets des environs, pour le lieu où elles se doivent établir. Ici même la prudence des Abeilles semble leur manquer tout-à-coup. C'est ordinairement autour d'une branche d'arbre qu'elles se fixent d'abord, où, exposées à toutes les injures de l'air, elles ne pourroient subsister long-tems.

CLARICE. Je croyois que ce n'étoit que par entrepôt, qu'elles se reposoient sur un arbre voisin, pendant que quelques-unes d'elles alloient effectivement à la découverte de quelque lieu plus commode.

EUGENE. Nous avons, malheureusement pour leur honneur, une preuve trop forte, que ce premier repos est regardé comme un établissement à demeure. Car si on y laisse les Abeilles pendant cinq ou six heures, on y trouve déja quelque petit gâteau de cire qu'elles y ont fait. Il est vrai qu'elles n'attendroient pas peut-être à quitter d'elles-mêmes un lieu si peu convenable; mais elles ne s'y résoudroient qu'après avoir appris à leurs dépens, que la place n'est pas tenable, soit parce qu'elles y auroient souffert, trop de chaud, ou trop de froid, soit qu'elles y auroient été trop tourmentées par le vent, & par la pluie.

CLARICE. Profitons de ce moment favorable, pour sçavoir si notre essaim n'a pas plusieurs Reines, & s'il a beaucoup de Faux-bourdons.

EUGENE. Votre mémoire, Clarice, est en défaut. Chose rare! Je me souviens de vous avoir déja dit, que lorsque l'essaim se partage en deux bandes, quoiqu'inégales, c'est un signe certain qu'il y a au moins deux meres; mais que pour ne se pas diviser, ce n'est pas un signe que la mere soit unique. Il pourroit y en avoir plusieurs ensevelies sous ce tas de Mouches, sans que nous pussions les découvrir. A l'égard des mâles, vous pouvez en voir un assez bon nombre.

CLARICE. Je les vois. Pour réparer mon défaut de mémoire par quelque acte de jugement, je vous proposerai une pensée qui m'est venue, lorsque vous me parliez de ces essaims orphelins, qui aiment mieux périr dans la maison paternelle, que d'en sortir sans avoir une mere à leur tête. Ne pourroit-on pas les sauver ?

EUGENE. Ce seroit assurément un secret très-beau, & très-avantageux pour nous. Ce n'est point un bien à négliger que de sauver un essaim entier. Qu'avez-vous imaginé pour cela ?

CLARICE. Je leur fournirois une de ces meres surnuméraires, que l'on trouveroit dans une autre Ruche, & qui seroit condamnée à la mort. Sauver la vie à une Reine sans sujets, & à des sujets sans Reine, qui devoient périr chacun séparément, & les réunir en famille pour perpétuer l'espéce, me paroît une action belle & bien louable; c'est un secret que je me sçai bon gré d'avoir imaginé. Je voudrois que vous le trouvassiez tel qu'il me paroît.

Eugene. Je ne puis qu'applaudir beaucoup à cette pensée. Elle mérite assurément d'être tentée plus heureusement que je ne l'ai fait.

Clarice. Comment! elle vous étoit déja venue? Trouverai-je toujours en mon chemin des gens qui m'auront dérobé l'honneur de penser la premiére.

Eugene. Je ne l'ai point exécutée aussi-bien que vous la proposez. Je compte de la répéter quelque jour. Je suis persuadé qu'elle réussiroit, si on la faisoit avec les précautions requises.

Voici comment je m'y suis pris. Vous êtes préfentement fi bien au fait, que vous reconnoîtrez facilement en quoi mon expérience peut avoir manqué. J'avois une Ruche en panier fi peuplée depuis plufieurs femaines, qu'une partie de fes Abeilles étoient obligées de fe tenir dehors nuit & jour, & expofées à toutes les rigueurs de la faifon. Cependant l'effaim ne partoit point. Je jugeai qu'il y manquoit une femelle. Je fus curieux de voir ce qui arriveroit, fi j'y en introduifois une prife d'ailleurs, & en bon état de pondre. La mere d'une Ruche dont j'avois déja eu trois effaims, fut deftinée à cette expérience. Je plongeai toute cette Ruche dans l'eau, j'en retirai la mere immobile & prefque fans vie. Je lui mis fur fon corcelet une petite couche de vernis rouge, pour la reconnoître, & après l'avoir féchée, réchauffée,

& fait reprendre toute sa vigueur, je la portai un matin sous cette Ruche en panier, qui ne pouvoit contenir toutes ses Abeilles, & de laquelle cependant aucun essaim n'étoit sorti. Bientôt elle me fut cachée par tant de Mouches, qu'il ne me fut plus possible de la voir. Il est à présumer qu'elle fut bien reçue, car elle n'occasionna aucun tumulte sensible. Le soir, je fis pancher le panier pour voir si je trouverois cette nouvelle mere, & quelle figure elle y faisoit. Je la vis. Elle étoit dans une guirlande d'autres Mouches, au lieu d'être dans l'intérieur de la Ruche; avec un brin de paille je la détachai de sa guirlande, je l a fis tomber sur l'appui de la Ruche, mais bientôt elle le quitta, & se mêla avec d'autres Abeilles; alors je cessai de la voir, & je fis remettre la Ruche dans sa position naturelle. Etant retourné le lendemain matin, pour sçavoir des nouvelles de mon expérience, je trouvai la mere marquée de rouge, morte; elle avoit été portée par celles qui enlévent les corps morts à quelque pas, & vis-à-vis cette Ruche. Vous me demanderez pourquoi cette mere féconde n'avoit pas été épargnée, & sut-tout dans une circonstance où elle sembloit devoir être précieuse à des Mouches, qui attendoient avec impatience une Reine qui les conduisît hors d'un logement qui ne leur convenoit plus. Avouons, sans peine, que les principes sur lesquels les Abeilles agissent, ne nous sont pas assez connus.

CLARICE. Il n'appartient qu'à de vrais Philosophes de sçavoir se retenir sur les bords d'une conjecture. Pour nous autres ignorantes, nous sommes en possession de dire hardiment nos sentimens. Nous n'en sçavons pas encore assez pour sçavoir combien nous sçavons peu. Je vous dirai donc ce que je pense de votre expérience. Il se pourroit bien faire qu'elle eût manqué, premiérement parce que votre mere féconde avoit été presque noyée, vous lui aviez donné peut-être une dose d'eau un peu trop forte, qui auroit bien pu altérer sa constitution présente, & la mettre hors d'état de continuer sa ponte, ce que les Mouches ouvriéres auront pû reconnoître. Secondement vous convenez que cette Mouche avoit déja jetté trois essaims. Ne se peut-il pas faire que les ouvriéres qui sont connoisseuses en fait de meres fécondes, auront rejetté celle-ci comme une mere trop épuisée, pour pouvoir promettre un Peuple nombreux. Je conviens avec vous qu'elle avoit été fort bien reçue d'abord; mais je crois que mieux examinée, & visitée ensuite par des expertes, elle a été mife à mort comme une trompeufe qui en vouloit impofer, & qui promettoit plus qu'elle ne pouvoit tenir. Prenez une jeune mere qui n'ait point encore, ou peu pondu, vous verrez ce qui en arrivera.

Eugene. Tout cela fe peut croire. On peut croire auffi que la mort de cette mere étrangère pourroit, avec autant de vraifemblance, être mife fur le compte de la mere regnante, qui pouvoit avoir eu des raifons de vouloir la perte de cette rivale. Quoi qu'il en foit, vos conjectures me paroiffent fi bonnes, que je vous promets d'y avoir égard lorfque je recommencerai mon expérience. Car je fuis perfuadé que des Abeilles privées d'une mere féconde, feront toujours prêtes à recevoir avec empreffement celle qui fe préfenteroit en bon état, foit qu'elle fût de la famille, ou d'une famille étrangère. Vous en serez convaincue comme moi, lorsque je vous aurai fait le récit d'une autre expérience, qui eut tout le succès que je pouvois désirer, & qui peut suppléer à la précédente. Elle vous prouvera que non-seulement la présence d'une mere étrangère suffiroit à des Abeilles orphelines pour leur tenir lieu d'une vraie mere, mais même que la seule espérance de voir bientôt naître une mere parmi elles, leur suffit pour les déterminer au travail. Je mis un jour dans une petite Ruche un morceau d'un gâteau de cire, que j'avois tiré d'une autre Ruche, où les Mouches étoient en plein travail. Ce morceau de gâteau avoit des cellules Royales fermées, & qui contenoient par conséquent des nymphes qui devoient devenir des meres. Je fis ensuite entrer dans cette Ruche environ mille à quinze cens Abeilles ouvriéres & une vingtaine de mâles. Ces Mouches qui n'euſſent fait aucun ouvrage, ſi n'ayant point de mere, elles euſſent encore été privées de l'eſpérance d'en avoir une, ſe déterminérent à travailler en la ſeule vûe d'une cellule Royale fermée. Elles ne travaillérent à la vérité que mollement les deux ou trois premiers jours. Parmi nous l'eſpérance eſt vigilante & active, & la poſſeſſion languiſſante; chez les Abeilles c'eſt le contraire. Elles commencérent lentement, mais les jours ſuivans le travail fut pouſſé avec ardeur, ce qui me fit juger qu'il y étoit né une mere. On y regarda de près, & elle fut découverte. Cependant cette mere n'étoit point de la famille.

CLARICE. Rien n'eſt plus convaincant que cette expérience. Paſſons à d'autres choſes. Je m'apperçois que notre eſſaim doit être composé d'un prodigieux nombre de Mouches, car il fait pancher par son poids, & tire terriblement en embas, la branche de l'arbre à laquelle il est attaché. Je ferois curieuse de sçavoir combien peut peser tout ce tas de Mouches. *Pl.* X. *Fig.* 3. *let.* B.

EUGENE. Je suis en état de satisfaire à votre question. Mais comme je vois que votre Jardinier s'apprête à recueillir l'essaim, remettons à contenter votre curiosité après que nous aurons vû son opération. Je vous rendrai compte d'abord des préparatifs qu'il vient de faire, pour rendre la Ruche propre à recevoir ses hôtes. Il l'a nettoyée avec soin. Il a frotté ensuite les parois intérieures avec des herbes, ou des fleurs dont elles aiment l'odeur. J'ai vû d'ici que c'étoit de la mélice. On se sert aussi utilement pour cela de fleurs de féves. Ce que je crois encore bon, & qui vaut bien autant que de flatter leur odorat, c'est de flatter leur goût, en enduisant quelques endroits de l'intérieur de la Ruche de quelque chose qui leur soit agréable, comme de miel, de crême, &c. Ces petites précautions ne leur peuvent faire de mal ; mais je ne les crois pas absolument nécessaires. Tout a fort bien réussi en de pareilles circonstances, où je n'y ai point eu recours. Considérez maintenant de quelle façon votre Jardinier s'y prend, pour faire tomber l'essaim dans la Ruche.

CLARICE. Le bon homme a raison de s'être garni la tête d'un bon camail, d'un masque de gaze, & les mains de forts gands.

EUGENE. J'ai pourtant vû des Paysans en chemise faire cette opération à visage découvert, & les mains nues.

CLARICE. Ils furent bien hardis

la premiére fois qu'ils en firent l'essai. Pour mon Jardinier, non-seulement il ne l'est pas, mais il me paroît un peu mal-adroit, car il conduit mal son petit balai, il ne fait pas tomber toutes les Mouches dans son pannier; j'en vois de gros pelotons tomber à terre, & beaucoup d'autres qui s'envolent.

Eugene. Il suffit qu'une partie considérable y entre, & s'y tienne, les autres iront bientôt les y trouver. Voilà l'opération finie, & la Ruche remise sur sa base avec les Abeilles qu'elle contient.

Clarice. Il est vrai que celles qui étoient tombées à terre, prennent le chemin de la Ruche, & que celles qui s'étoient égarées en l'air, accourent pour se rejoindre à leurs compagnes. En voilà pourtant plusieurs qui retournent à cette branche d'où on les a tirées, & où elles étoient d'une façon si désavantageuse.

Eugene. Celles-ci feroient plus, elles s'obſtineroient à y reſter, & à y revenir autant de fois qu'on les en chaſſeroit, ſi on n'avoit pas ſoin de les y faire renoncer, en frottant cette branche avec des feuilles dont l'odeur leur déplaît, comme ſont celles de ſureau & de rhue, ou bien on les y force avec la fumée d'un linge brûlant.

Clarice. Que ſignifient ces quatre piquets que maître Jacques plante autour de la Ruche?

Eugene. C'eſt une précaution abſolument néceſſaire. Auſſi-tôt qu'une Ruche a été remplie de nouvelles Mouches, on ne tranſporte pas ſur le champ le pannier dans le rang des autres, on le laiſſe juſqu'au ſoir dans la même place où on a ramaſſé l'eſſaim; & ſi l'arbre au pied duquel on l'a recueilli, ne lui donne pas aſſez d'ombre, & que le ſoleil ſoit très-fort, comme il l'eſt à préſent, on fait

avec

avec quatre piquets & une nappe, une espéce de tente, qui le met à couvert de l'excessive chaleur; ou bien on y supplée avec des branches d'arbre chargées de leurs feuilles. On laisse ainsi le tout jusqu'à ce que le soleil soit couché. Alors on transporte doucement la Ruche sur le support qu'on lui a destiné, & sur lequel on veut qu'elle reste.

Clarice. Je voudrois bien sçavoir comment on eût fait, si notre essaim, au lieu de se jetter sur ce petit pommier en buisson, se fût avisé de s'aller percher sur quelqu'un de ces arbres élevés, qui sont au bout de mon potager.

Eugene. C'est un embarras auquel il faut que l'industrie sçache remédier. Il y a tel essaim qui va se percher sur d'assez petites branches de très-hauts arbres. Il est certain qu'ils ne peuvent pas se mettre plus mal pour nous. Selon la figure de l'arbre, selon la disposition de ses branches, & selon sa hauteur, il faut avoir recours à des expédiens différens. Le génie de celui qui ne veut pas laisser perdre cet essaim, doit lui en suggérer. Si la hauteur à laquelle il est, n'est pas excessive, un homme monté sur une échelle appuyée contre la tige de l'arbre, tient la Ruche renversée au-dessous de l'essaim, pendant qu'un autre homme grimpé sur le même arbre, fait tomber les Abeilles dans cette Ruche, avec un balai qui a un manche d'une longueur suffisante. Si l'essaim est trop près de l'extrémité des branches, & que l'échelle n'y puisse être appliquée, on éléve la Ruche renversée par le moyen d'une longue & forte perche, jusqu'à la portée de l'essaim, & alors avec un long houssoir, on y fait tomber les Mouches. Il y a plusieurs autres procédés que chacun peut imaginer suivant les différentes circonstances. Mais il y en a un qui m'a toujours paru le plus simple & le plus commode dans bien des cas semblables. C'est d'attendre que le soleil soit couché, & que les Mouches soient rendues moins vives par la fraîcheur du soir. Pour lors on scie doucement la branche de l'arbre, on la descend avec précaution, & on emméne en même-tems l'essaim, que l'on fait entrer facilement dans la Ruche.

CLARICE. N'arrive-t-il jamais aux essaims d'être effrayés, au moment du départ, de la hardiesse de leur entreprise, de frémir à la la vûe de ce vaste Océan d'air dans lequel ils se jettent, & d'avoir des retours de tendresse vers la Patrie, comme nous lisons qu'il arriva aux compagnons de Christophe Colomb?

Eugene. Nous voyons dans les bêtes des mouvemens de crainte & d'effroi, nous n'en voyons point de repentir. Leurs réfolutions font fixes, fuivies, & jamais interrompues par des réflexions tardives. Elles ne reculent que lorfqu'elles trouvent des obftacles qui leur paroiffent infurmontables. Il arrive quelquefois que les Abeilles après être forties de la Ruche en effaim, après s'être difperfées en l'air, & raffemblées fur un arbre, retournent à leur premiére demeure; mais ce n'eft que dans le cas que la jeune Reine qui étoit aux portes, & prête à les accompagner, ne les a pas fuivies, pour n'avoir pas eu la force, & peut-être auffi la hardieffe de fe fervir pour la premiére fois de fes aîles. Peut-être auffi qu'une jeune mere s'appercevra qu'elle eft fortie avant que d'avoir été fécondée, c'eft une raifon pour elle de rentrer dans la Ruche, & pour ſes ouvriéres d'y retourner avec elle.

Clarice. Je vous fais reſſouvenir de la promeſſe que vous m'avez faite de me dire combien péſe un eſſaim.

Eugene. Je puis maintenant ſatisfaire votre curioſité. Il ne vous en coutera que la patience d'entendre le détail d'une expérience qui m'a appris ce que vous deſirez ſçavoir. Une de mes Ruches me donna un jour un eſſaim des plus gros que j'euſſe encore vû. Cet eſſaim fut ſe placer ſi à propos ſur le bout d'une branche d'un des arbres de mon jardin, que je ſaiſis cette occaſion de pouvoir le peſer avec facilité. Toutes les Mouches s'étoient aſſemblées de façon, que leur maſſe totale imitoit la forme d'une longue pyramide de deux pieds de hauteur, qui cachoit toute la partie de la branche autour de laquelle elle étoit formée. Le volume en étoit si considérable, que je craignis que la branche n'en fût rompue ; je la fis soutenir par une fourche de bois, comme on soutient les branches trop chargées de fruits, & malgré ma précaution, elle descendit encore jusqu'à deux pouces près de la terre. Pour pouvoir en connoître le poids, je fis lier la branche assez près de la partie supérieure de l'essaim, & la ficelle qui servoit à cette ligature, finissoit par une boucle. Les choses ainsi préparées, je fis approcher un homme, lequel passa le crochet d'une Romaine (c'est ce que vous appellez dans vos ménages un *Peson*) dans la boucle de la ficelle ; & pendant qu'il soulevoit un peu la branche en tirant le crochet en haut, on la coupa au-dessus de la ligature, sans trop l'agiter, & sans inquiéter l'essaim ; ensorte que la branche & l'essaim détachés de l'arbre, restérent suspendus au crochet de la Romaine. Il me fut aisé après cela de connoître que cet essaim pesoit huit livres.

CLARICE. Y compris la branche.

EUGENE. Vous ne laissez rien échapper. Voici réponse à votre réflexion. Après avoir fait entrer toutes ces Mouches dans une Ruche, je pesai la branche séparément, elle pesoit six onces. Je ne les déduirai cependant pas des huit livres, parce que j'ai de quoi faire compensation & au-delà. Quoique cet essaim fût déja très-gros, il n'étoit pas tout entier sur la branche ; il y avoit des plaques d'Abeilles par terre, il y en avoit en l'air, les unes & les autres ne voulurent pas se réunir à la masse, quoique je leur en eusse laissé le tems. Toutes ces parties détachées, équivaloient au moins le poids de la branche. Celui des Mouches peut donc être encore estimé huit livres, sans risque d'être estimé trop fort. Mais tous les essaims ne sont pas de ce poids, nous serions trop heureux. Ils sont ordinairement de toutes les pesanteurs au-dessous de celle-là. J'en ai eu qui ne pesoient qu'une livre.

CLARICE. Puisque vous allez ainsi calculant & pesant toute la Nature, vous me direz sans doute combien il faut de Mouches, pour faire un poids de huit livres.

EUGENE. Vous me faites cette question en souriant, comme si vous prétendiez m'avoir donné le sable de la mer à compter?

CLARICE. Il est vrai que je croyois vous proposer un calcul de longue haleine.

EUGENE. Il se peut faire par une voie très-courte; c'est celle dont je me suis servi. J'ai mis dans un des bassins d'une balance un poids d'une demi-once, & dans l'autre
autant

autant de Mouches qu'il en falloit pour faire équilibre. Vous concevez que pour faire cette expérience, je fus obligé de me servir de Mouches mortes. Vous sçaurez, en passant, que ces Mouches étoient de celles qui avoient été tuées dans un combat terrible qui fut livré à l'occasion d'une troupe d'étrangères, qui avoient voulu s'emparer d'une Ruche habitée. Cent soixante-huit de ces Mouches mortes, ne pesèrent que la demi-once. Il y a donc deux fois cent soixante-huit Mouches dans une once, c'est-à-dire, trois cens trente-six. Or, s'il faut trois cens trente-six Abeilles pour peser une once, il en faut cinq mille trois cens soixante-seize pour peser 16 onces, ou une livre, & par conséquent quarante-trois mille huit pour peser huit livres. Pour éviter toute suspicion d'erreur de calcul, réduisons le nombre de nos Mouches à quarante mille. Cette quantité eſt encore honnête, & plus conſidérable que celle des habitans de pluſieurs grandes villes. Il faut avouer cependant à l'égard de cet eſſaim de huit livres, qu'il me parut qu'il étoit ſorti de la Ruche beaucoup plus de Mouches qu'il n'en étoit reſté, qu'elles n'étoient pas toutes de la nouvelle ponte, mais qu'il y en avoit beaucoup d'anciennes.

CLARICE. Eſtimez-vous ces forts eſſaims meilleurs que de plus foibles?

EUGENE. Je ne les crois pas les meilleurs. Celui dont je vous parle ne me fit pas un bon ſervice. Il s'y trouva un nombre de Fauxbourdons ſi conſidérable, qu'ils ne purent pas être tous détruits pendant l'été; il en reſta qui y paſſérent tout l'hyver, & qui probablement incommodérent ſi fort les ouvriéres, que cette Ruche fut abandonnée au printems. J'aimerois mieux un essaim de cinq ou six livres. Charles Butler, qui n'est pas toujours dans le pays des fables, dit qu'un excellent essaim pése six livres Angloises, un bon cinq livres, un médiocre quatre livres.

Clarice. Butler a donc aussi pesé des essaims?

Eugene. Il ne dit pas de quelle façon il s'y est pris; mais il en est une fort facile que j'apprendrai à votre Jardinier, afin qu'étant au fait de la valeur des essaims, il connoisse ceux qu'il faudra coupler, ce qu'on appelle en terme de l'art, marier, & ceux qu'il faudra affoiblir.

Clarice. Apprenez-le moi aussi, car je ne veux pas que mon Jardinier soit plus sçavant que moi.

Eugene. L'émulation est loüable. Vous sçavez qu'on laisse ordinairement au haut des paniers un petit boulon de bois, ou un bouquet de paille, qui sert pour empoigner & soulever les Ruches. Si on y ajoutoit un anneau, soit de fer, soit de corde, ce seroit une précaution une fois prise pour peser tous les différens essaims auxquels on feroit servir ces paniers, avant que de faire entrer un essaim nouveau; mais lorsque tout sera prêt pour le faire, on pésera la Ruche vuide, puis on y fera entrer les Mouches, & le soir, lorsqu'elles seront toutes revenues de la campagne, & engourdies par la fraîcheur, on la pésera une seconde fois. Vous concevez que l'excédant de poids qu'on lui trouvera, sera celui des Mouches que l'on y aura fait entrer, ce qui donnera la valeur de l'essaim, & apprendra de quelle façon on doit le traiter.

Clarice. Je reconnois souvent, & je vois avec plaisir, que vos poids, vos mesures, vos calculs, ne font point des curiosités stériles.

Eugene. Quelques-unes le font encore aujourd'hui, qui ne le feront plus pour nos succeſſeurs, qui fçauront en tirer des lumiéres.

Clarice. Je ne vois aucune de nos Mouches nouvellement logées, fortir de la Ruche, & aller à la provifion; ce repos nous annonceroit-il une défertion?

Eugene. Si l'eſſaim qui a été mis dans une Ruche s'y trouve bien, il n'y eſt pas long-tems dans l'inaction. Quoique toutes les Mouches y paroiſſent en repos, quoiqu'il n'en forte aucune pour aller à la campagne, il y en a pourtant qui travaillent à faire des gâteaux; & ce n'eſt fouvent que quand elles ont fait des morceaux longs de plus d'un demi-pied, ou d'un pied, & large de plufieurs pouces, qu'on s'apperçoit que parmi ces Mouches qu'on croyoit parfaitement oifives, il y en a plu-

T iij

sieurs de très-occupées, ou plûtôt qu'elles ont été toutes occupées tour à tour. Ce qui prouve bien qu'en sortant de l'ancienne Ruche, elles ont emporté dans leur estomac une provision de cire préparée. Une des marques que les Mouches aiment la Ruche qu'on leur a donnée, c'est quand elles y montent aussi haut qu'elles y peuvent monter ; c'est signe qu'elles prétendent y fixer leur séjour, parce que c'est-là qu'elles attachent ordinairement leurs premières cellules, & qu'elles jettent les fondemens de leurs édifices.

Clarice. Cet essaim que nous venons de voir loger, donnera-t-il lui-même un autre essaim cette année ?

Eugene. Une seconde génération arrive quelquefois aux essaims qui paroissent de bonne heure ; il est pourtant plus ordinaire de ne les voir jetter que l'année suivante.

Clarice. Ne vous laſſez point de mes queſtions. Combien une bonne Ruche jette-t-elle d'eſſaims dans une année ?

Eugene. Trois ou quatre, & même quelquefois cinq eſſaims ſortent de la même Ruche, les uns après les autres, dans les intervalles de cinq à ſix, & quelquefois de dix à douze jours.

Clarice. Qu'entendez-vous par marier les eſſaims, les coupler ? Quelles précautions doit-on prendre pour les faire proſpérer ?

Eugene. L'éclairciſſement de ces queſtions dépend de pluſieurs connoiſſances qui doivent le précéder, & qui feront la matiére de nos converſations ſuivantes, où je vous parlerai des ennemis des Abeilles, de leurs maladies, & des précautions qu'il faut prendre, tant pour écarter ce qui peut leur nuire, que pour leur procurer leurs beſoins.

CLARICE. Ces connoissances qui concernent la pratique, seront pour mes vûes, encore plus intéressantes que l'Histoire.

XVI. ENTRETIEN.

Des Ennemis des Abeilles, & des Insectes qui mangent la Cire.

CLARICE. JE ne suis point étonnée que les Abeilles aient des ennemis; elles ont des richesses, en faut-il d'autre raison ? Nous-mêmes, sommes-nous pour elles autre chose que des ennemis, déguisés sous l'apparence de l'amitié ? S'il falloit les tuer pour avoir leur trésor, balancerions-nous ?

EUGENE. Non-seulement nous ne balancerions pas, mais on le fait tous les jours avec la plus grande inhumanité du monde, & sans aucune nécessité. C'est un reproche que j'ai à faire à ceux qui élévent des Abeilles.

CLARICE. Cela ne me surprend

point. Elles sont laborieuses, elles font des ouvrages que nous ne pouvons faire, & qui nous accommodent ; c'en est assez ; mortes, ou vives, il faut qu'elles en soient dépouillées. Nous les traitons comme nos semblables. Le Laboureur séme, moissonne, & recueille ; au tems de la récolte, combien de gens oisifs viennent partager avec le Laboureur le fruit de ses sueurs.

Eugene. Tournez-vous de quelque côté que vous voudrez, vous ne verrez que loups & moutons. Les Abeilles n'ont pas pour un ennemi. De tous ceux que l'on pourroit compter, l'homme, à la vérité, est le plus cruel : je ne vous dirai pas encore aujourd'hui en quoi consiste son inhumanité à leur égard ; il ne sera question dans cet Entretien, que de ceux qu'une puissance qui leur est inconnue, force d'être ennemis des Abeilles.

Clarice. Quels qu'ils soient, je veux les connoître, & rendre, si je puis, à mes cheres Abeilles, une vie plus douce & moins persécutée. Me voilà prête à les défendre envers & contre tous. Leurs ennemis sont les miens. Montrez-les moi, que je les connoisse, & que je les poursuive sans relâche.

Eugene. Voyez-vous un moineau sur ce prunier ? c'est un de vos ennemis. Le traître se rit de vos menaces, & se prépare à gober ce que vous protégez.

Clarice. Ho ! pour celui-là je ne courrai pas après, c'est à vous à m'en défaire.

Eugene. Si nous n'avions à nous défendre que contre un seul moineau, nous aurions bientôt mis notre Ruche en sûreté ; mais le nombre de ces dévoreurs de Mouches est si prodigieux, & nos Mouches ont d'ailleurs des ennemis de tant d'autres espéces, que nous ferons mieux de nous en tenir pour aujourd'hui à les connoître, & à voir ce que l'on peut faire pour en diminuer au moins le nombre, car pour le tout, c'est une entreprise à laquelle il nous faut renoncer. Les ennemis des Abeilles sont de trois espéces. Les uns sont des Insectes imbéciles & étourdis, qui se jettent dans une Ruche sans sçavoir où ils vont, & qui y portent le trouble & la confusion. Les autres en veulent à la vie même des Abeilles, & à leur miel; & la troisiéme espéce n'en veut qu'à leur cire. Dans la premiére classe, nous pouvons mettre ces limaces, & ces limaçons, dont je vous ai déja parlé, qui se traînent lourdement dans une Ruche ; des Scarabés, des Abeilles étrangères, ou sauvages, qui cherchent de l'ouvrage tout fait. Ces sortes d'ennemis sont bientôt expédiés.

CLARICE. Je conçois qu'à l'égard de ceux-là nous n'avons pas besoin de nous en mêler, & que les Abeilles sont suffisamment armées pour leur faire bonne guerre.

Eugene. La seconde classe comprend le moineau que vous venez de voir, & tous ses semblables. J'ai vû souvent à regret, des moineaux attroupés autour de mes Ruches, & qui sous mes yeux prenoient mes Mouches, & les avaloient comme des grains de bled. Le moineau est celui de tous les oiseaux qui en détruit le plus, & plus que toutes les autres espéces d'oiseaux ensemble.

Clarice. Je crois que les hirondelles doivent être aussi de terribles mangeuses de Mouches.

Eugene. Quoiqu'on les ait mises au rang des avaleurs d'Abeilles, je ne crois pas cependant qu'elles en fassent de grandes captures, non plus que les crapauds, les lézards, ni les grenouilles, que les Anciens veulent qu'on écarte des Ruches. Mais il n'en est pas de même d'un autre Insecte, qui, quoique du genre même des Mouches, est bien redoutable à nos ouvriéres. Je veux parler des Frêlons & des Guêpes, & même des Guêpes de l'espéce la plus commune, de celles qui ne sont guères plus grosses que les Abeilles. J'en ai souvent vû roder en voltigeant autour d'une Ruche, y épier le moment favorable pour tomber sur une Mouche laborieuse, & qui revenoit de la campagne fatiguée & chargée de cire. Celle-ci, quoiqu'armée d'un aiguillon si funeste pour nous, faisoit des efforts inutiles pour se défendre contre une Guêpe, dans un instant elle étoit mise à mort. Quelquefois la Guêpe s'envoloit en emportant sa proie, quelquefois sans aller plus loin, elle ouvroit à belles dents le ventre de l'Abeille, pour fuccer tout ce qui y étoit contenu. J'ai vû même des Abeilles occupées fur les fleurs à faire tranquillement leur récolte, ou qui s'y rendoient pour la faire, être enlevées dans le moment par les Guêpes ou les Frêlons, comme une innocente Tourterelle eft emportée par un oifeau de proie.

CLARICE. Voilà qui eft affreux. Comment donc fe peut-il faire qu'il y ait encore une Abeille au monde ? Car j'imagine la claffe des Guêpes & des Frêlons auffi nombreufe au moins que celle des Abeilles. Si une claffe entiére dévore l'autre, on doit voir promptement l'extinction totale de l'une des deux.

EUGENE. La Nature qui a permis ces meurtres, y a mis auffi des bornes. Soigneufe de conferver les efpéces qu'elle a formées, elle a prévenu ce qui pouvoit contribuer à leur entier anéantiffement, comme à leur trop grande multiplication. Si les guêpes & les frêlons venoient en corps d'armée fondre sur une Ruche, la destruction de celle-ci seroit sans doute prodigieuse & prompte. Mais elle ne se fait point ainsi. Les Guêpes sont poltronnes, comme sont tous les voleurs; elles sçavent que les Abeilles ont de quoi se défendre; elles ne les attaquent qu'à leur avantage. La guerre qu'elles leur font, n'est qu'une guerre de surprise, ce n'est que ce qu'on appelle la petite guerre; aussi ne va-t-elle pas loin, & je ne crois pas qu'elle vaille la peine qu'on fasse la dépense de détruire tous les Guêpiers d'un pays, comme nous l'ont enseigné des Auteurs bien intentionnés pour les Abeilles.

CLARICE. C'est-à-dire que les Guêpes & les Frêlons sont pour les Abeilles ce que les Lions & les Tigres sont pour nous. Il nous croquent

croquent parfois ; mais ce qu'ils mangent d'hommes ne vaut pas la peine que tout l'Univers se mette en armes pour en éteindre la race. S'en défende qui pourra. Revenons à l'appétit qui incite les Guêpes à faire la guerre à nos Ruches. Est-ce l'amour du carnage ? Est-ce jalousie de métier, ou de mérite ?

Eugene. Ce n'est rien de tout cela. C'est ce qui fait parmi nous les voleurs assassins, c'est la gourmandise jointe à la paresse. La Guêpe, ainsi que le Frêlon, sçait que l'abeille porte dans son corps une provision de miel tout fait. Si le larron trouve sa belle pour saisir sans risque une Abeille, il lui tombe sur le corps, l'éventre promptement, & cherche dans ses entrailles, ce qu'il eût été obligé d'aller chercher au loin, dans le fond du calice des fleurs.

Clarice. Ne parlons plus de

ces ennemis-là, ils font horreur. Autant qu'il m'en tombera sous la main, autant d'exterminés. Que pensez-vous de l'Araignée?

EUGENE. Je ne crois pas qu'elle soit pour nos Abeilles un ennemi bien à craindre. L'Araignée est ordinairement un chasseur aux filets, qui ne vit que de ce que la fortune lui améne. Elle ne court point après la proie, il faut que la proie vienne la chercher, & sa tempérance fait qu'elle se contente de peu. Quelques moucherons ou autre menu gibier qui tombe dans ses lacs, font toute sa ressource. Mais pour de grosses piéces, telles qu'une Abeille, c'est une bonne fortune qui lui arrive bien rarement, & qui ne mérite pas d'être tirée en ligne de compte. On ne doit pas non plus mettre au rang des ennemis des Abeilles les Fourmis, quoique quelques Auteurs nous les aient données pour des voisins très-nuisibles aux Ruches. Loin de cela je vais vous faire voir que les Abeilles & les Fourmis sçavent conserver entr'elles un fort bon voisinage, & que ces deux espéces se trouvent même assez bien l'une de l'autre. La Fourmi, toute friande qu'elle soit de sucrerie, sçait mieux que nous réprimer ses appétits, & vivre à côté du fruit défendu sans y toucher. J'avois une Ruche vitrée, dont je fus quelques tems sans ouvrir les volets. Pendant ce tems-là quelques Fourmis s'apperçurent qu'il y avoit un espace vuide entre les volets & les carreaux de verre de ma Ruche ; elles jugérent aussi-tôt que cet endroit leur conviendroit très-bien, & mieux que tout autre, pour y faire un établissement commode & sain, parce qu'elles y trouveroient un dégré de chaleur toujours constant, & tel qu'elles n'en auroient pû trouver de semblable dans tout le reste du jardin. Elles y transportérent à l'instant leurs œufs, leurs nymphes, leurs vers, & y établirent leur domicile. En dehors étoient les Fourmis, en dedans les Abeilles, un verre seul séparoit deux Peuples si différens en mœurs, en coutumes, en génie. Les Abeilles étoient abondamment pourvûes d'un bien que les Fourmis recherchent avec ardeur, je veux parler du miel. Les Fourmis avoient lieu de craindre l'inquiétude des Abeilles, & leur jalousie pour la conservation d'un trésor qui leur est si précieux. Malgré cela vous auriez été édifiée de la concorde qui regnoit entre ces deux Peuples. Aucune Fourmi n'étoit tentée d'entrer dans la Ruche, quelque douce & attrayante pour elle qu'en fût l'odeur. Aucune Abeille n'inquiétoit les Fourmis, quoiqu'infiniment supérieures en force. Chacun entroit chez soi, & en sortoit paisiblement. On se rencontroit sur les chemins sans se craindre, sans s'inquiéter; le respect d'une part, la complaisance de l'autre, étoient le fondement de cette paix.

CLARICE. Voilà une union charmante. Pourquoi les hommes ne sont-ils pas faits ainsi ! Mais cette double Ruche n'est-elle point un cas rare, une espéce de Phénoméne passager qui n'aura point paru depuis ?

EUGENE. Ce n'est point un Phénoméne, c'est un fait que j'ai vû & admiré souvent. Il est vrai que l'on peut attribuer la retenue & la sagesse des Fourmis, à la crainte. Elles paroissent sçavoir à quoi elles s'exposeroient, si elles se laissoient aller à la tentation de piller le miel d'une Ruche bien peuplée. Quand j'ai laissé pendant quelques heures des Ruches dont les Mouches étoient péries, alors les Fourmis qui n'avoient rien à appréhender, n'ont pas manqué d'aller se régaler du miel qui y étoit resté.

CLARICE. Il en est de même chez les humains. La crainte & la foiblesse font plus de sages que la raison. Vous retranchez donc du nombre des ennemis des Abeilles l'Araignée & la Fourmi, cela me fait plaisir, c'est autant de rabattu sur mon inquiétude. En ont-elles encore quelqu'autre qui en veuille à leur vie?

EUGENE. J'en connois encore trois, dont le plus redoutable de tous est l'homme même, qui, par un intérêt très-mal entendu, est celui qui en fait périr le plus. Je vous expliquerai cela lorsque nous parlerons de la meilleure façon de conduire les Ruches. Le second est le mulot, ou souris de cam-

DES ABEILLES. 239

pagne, dont je ne vous parlerai pas encore aujourd'hui, parce que cet ennemi ne se montrant qu'en hyver, je remets à vous en entretenir lorsque je vous dirai ce qu'il faut faire pour les Abeilles pendant la rigoureuse saison. Je passe au troisiéme, qui est un petit Insecte qui s'attache aux Abeilles & les succe pour se nourrir. Il est proprement la vermine des Abeilles. C'est une espéce de poux rougeâtre, à peu près de la grosseur de la tête d'une très-petite épingle ; son corps paroît luisant & écailleux, de même que ses six jambes. On ne lui voit point une forme de tête, son bout antérieur semble coupé quarrément. Il se tient presque toujours sur le corcelet de l'Abeille. Je l'ai cependant trouvé souvent près du cou de la Mouche, près de l'origine des aîles, & quelquefois près de celle de quelque jambe. On lui

Pl. XI. Fig. 5.

Pl. XI. *Fig. 6.* voit une trompe que je ne crois pas capable de percer les écailles dont l'Abeille est cuirassée ; mais elle peut s'introduire dans les articulations, où la flexibilité étant nécessaire, il a fallu que l'écaille manquât. Les jeunes Abeilles n'en sont point inquiétées, il n'y a que les vieilles, & il n'y en a jamais qu'un sur chaque Mouche.

Clarice. Quel dommage cette vermine apporte-t-elle à nos Ruches ?

Eugene. On n'a pas bonne idée de celles dont la plûpart des Mouches ont de ces poux, & peut-être a-t-on raison ; parce qu'il est plus ordinaire de les trouver aux mouches des vieilles Ruches, où ils ont eu le tems de se multiplier, qu'à celles des nouvelles. Mais s'ils font réellement beaucoup de mal aux Mouches, c'est ce que je ne puis vous dire. Du moins me paroît-il sûr qu'ils ne ne leur caufent pas beaucoup de douleur, ni même qu'ils ne les inquiétent guères; car la Mouche ne fe met pas en peine de les faire tomber de certains endroits de fon corps où ils fe placent, & d'où fes jambes pourroient aller aifément les chaffer. On a enfeigné des remédes pour faire périr ces Infectes, auxquels je n'ajoute pas beaucoup de foi. Ainfi, comme cette maladie me paroît peu importante, & le reméde très-incertain, je ne vous en entretiendrai pas davantage. Je vous parlerai d'un autre ennemi bien plus férieux, car ce n'eft pas feulement aux Abeilles qu'il en veut, en détruifant, mangeant, & bouleverfant tous leurs travaux, mais encore à nous-mêmes qu'il prive de l'efpérance de partager avec elles un bien que nous regardons comme commun entre elles & nous. Cet ennemi compofe feul la troisiéme claſſe, c'eſt celui qui en veut à la cire. Si je vous dis tout ce que j'en ſçais, l'hiſtoire pourroit en être longue. Voyez s'il vous convient de ſuſpendre l'hiſtoire principale, pour vous tenir long-tems occupée ſur un ſujet, qui n'en eſt qu'un acceſſoire.

CLARICE. C'eſt toujours l'hiſtoire de la Nature. En quelque ſujet qu'on me produiſe ſes merveilles, j'aurai beaucoup de plaiſir à les voir, & à les entendre.

EUGENE. Puiſque cela eſt ainſi, je terminerai notre ſéance par vous entretenir du dernier ennemi des Abeilles qui me ſoit connu, par l'hiſtoire des Teignes qui mangent la cire. Qui vous diroit qu'il eſt une région ſur la terre, où dix ou douze moutons ſont capables de donner la chaſſe à plus de 18000 loups, & les forcer à leur céder le pays, feriez-vous bien diſpoſée à le croire ?

CLARICE. Je demanderois le mot de l'énigme.

EUGENE. Cette région, où se peut voir une chose si extraordinaire, est sous vos yeux, c'est une Ruche. En mettant les Abeilles à la place des loups, & une espéce de petite chenille, que je vais vous faire connoître, à la place des moutons, il n'y aura plus d'énigme, & le fait se trouvera littéralement vrai. L'Insecte que l'on appelle *Teigne de la cire*, à cause du dégât qu'il en fait, est une petite chenille tendre, délicate, sans armes & sans défense, qui sçait vivre au milieu & aux dépens de la Ruche la plus peuplée, qui se nourrit des travaux de plus de dix-huit mille Abeilles cuirassées, armées de traits meurtriers, toujours très-promptes à en faire usage contre quiconque leur nuit ou leur veut nuire, & qui veillent continuellement à la garde de leur tréfor. Vous verrez, peut-être trop tôt & à votre grand regret, que dix ou douze, & souvent moins de ces petites chenilles, auront percé, détruit, mis en piéces les gâteaux d'une de vos Ruches, & que sur les ruines des alvéoles, malgré l'armée formidable qui les environne, ces foibles ennemis auront conduit de nouveaux édifices à leur usage; qu'ils les auront fabriqués des décombres des alvéoles, & qu'ils obligeront enfin les Abeilles à leur céder la place.

CLARICE. Cela fait bien voir qu'il n'y a point de foible ennemi, & combien manquent de sens ceux qui disent, Quel mal un tel homme me pourroit-il faire? L'industrie a bien plus de ressource pour nuire que la force. Il en faut une bien étonnante à l'Insecte dont vous me parlez, pour suppléer à tant de foiblesse de sa part, & vaincre de si grands obstacles.

Vous me donnez un défir extrême de connoître un animal si singulier.

EUGENE. On appelle du nom général de *Teigne* tous ces petits vers, dont la plûpart sont des chenilles, qui rongent nos habits, nos meubles, nos tapisseries, nos bois, nos livres, &c. De tous ces animaux, les uns se taillent eux-mêmes des habits dont ils se revêtent, avec lesquels ils marchent, & sous lesquels ils vivent pendant tout leur état de ver ou de chenille. Les autres à qui la nature n'a pas appris à se faire des habits portatifs, sçavent se faire des galeries qui leur tiennent lieu de vêtemens & de maisons. Les premiers sont nommés par les Auteurs, des *Teignes*, les autres des *fausses Teignes*. Les uns & les autres doivent leur naissance à des papillons. Notre mangeuse de cire est du genre des fausses teignes. Son papillon est de ceux que l'on appelle *Phalêne*, qui ne volent que la nuit, & qui vont se brûler à la chandelle. Commençons son histoire dès l'œuf. L'œuf dont il sort ayant été pondu par le papillon femelle dans quelque coin d'un gâteau de cire, il en éclos après quelques jours une petite chenille, laquelle peut se vanter d'être née au milieu des plus grands périls. Environnée de toutes parts d'ennemis vifs, vigilans, prompts à la vengeance, elle ne peut éviter une mort assurée que par son extrême petitesse, qui dérobe les premiers momens de sa naissance aux regards des surveillans, & par la promptitude avec laquelle elle file elle-même dans l'instant, & s'enferme dans un petit fourreau de soie, qui suffit alors pour mettre ses jours en sûreté. Cette chenille est de la classe de celles qui ont 16 jambes. Elle est rase, sa peau blanchâtre, sa tête brune & écailleuse. Il y a deux espéces de ces chenilles mangeuses de cire ; mais comme je ne connois de différence entre l'une & l'autre, qu'en ce que l'une est plus grande que l'autre, & que leurs papillons différent en quelque chose ; que d'ailleurs leurs façons de vivre, de travailler, de manger la cire, sont les mêmes, je m'en tiendrai à vous parler de la plus commune des deux, de celle, qui, parvenue à toute sa grandeur, est de la grosseur d'une chenille médiocre. Je viens de vous dire que notre petite chenille ou fausse teigne s'est filé en naissant un fourreau proportionné à sa grosseur. Ces fourreaux, ou tuyaux, sont fixés & collés sur la cire ; on les peut appeller plus proprement des galeries, parce que l'Insecte y est au large, qu'il y peut ramper, & s'y retourner facilement ; c'est le nom que je lui donnerai doresnavant. Le premier soin de notre fausse teigne à son arrivée dans le monde, a donc été de mettre sa vie à couvert des dangers du dehors, le second doit être de la conserver, & de la prolonger par la nourriture ; elle n'y trouve pas beaucoup de difficulté : la cire sur laquelle elle a bâti sa galerie, est en même-tems son aliment. Il lui suffit de pousser sa tête hors de sa maison, elle trouve de la nourriture tout autour de sa porte. Tant qu'elle trouve de la cire à sa portée elle ne l'épargne pas, elle s'en nourrit, elle croît, & bientôt sa galerie devient trop étroite, & trop courte. Comme elle a vécu du plancher qui étoit vis-à-vis l'entrée de sa galerie, il faut qu'elle se pousse en avant pour trouver un plancher nouveau à gruger ; mais c'est un chemin qu'il faut faire sans être exposée à la vengeance des Abeilles.

CLARICE. Je vois d'ici ce qu'elle va faire ; elle allongera sa galerie, afin de marcher toujours à couvert.

EUGENE. Ce ne seroit pas assez. Elle connoît mieux que nous tous les dangers auxquels elle va s'exposer. La fausse teigne étant devenue plus grosse, & s'avançant plus avant dans le pays ennemi, s'y mettra à découvert, & se trouvera par conséquent plus exposée aux insultes des Abeilles. Pour prévenir cet inconvénient, elle rend cette seconde partie de sa galerie plus épaisse, plus forte, & plus capable de la défendre que la premiére, qui n'étoit encore qu'une étoffe de pure soie.

CLARICE. A mesure que le danger croît, les précautions doivent croître aussi.

EUGENE. Je ne suis point surpris que la raison vous dicte des réflexions justes, mais je le suis beaucoup de les voir mettre en pratique par des Insectes. Le nôtre, pour fortifier les parois de sa galerie, broche son étoffe avec des fragmens de cire qu'il coupe proprement, & auxquels il donne une forme de boule; & pour avancer plus vîte son ouvrage, il y joint ses propres excremens qui ont la figure & la couleur de petits grains de poudre à canon. Les Insectes ont leurs Arts comme nous. L'Abeille est un excellent Architecte. Notre fausse teigne est un Tisserand en soie qui ne travaille point au hazard, comme vous allez voir. La parois intérieure de sa galerie est un tissu de soie blanche, serré, poli, où son corps délicat & tendre, n'a rien à craindre des frottemens. Les grains de cire & d'excrémens sont sur la surface extérieure de la galerie; ils sont si serrés qu'ils cachent parfaitement la soie dans laquelle ils sont engagés, &

dérobent apparemment la teigne qui y habite aux yeux des Mouches, comme ils la dérobent aux nôtres. Il est vraisemblable que ces grains ont encore un autre usage plus important, qu'ils font un mur presque impénétrable aux aiguillons des Abeilles.

Clarice. Je trouve bien étonnant que des animaux aussi hardis & courageux, comme sont nos Abeilles, dont une seule ne craint pas d'attaquer un géant prodigieux, un monstre en grandeur & en force, car je pense que nous devons paroître tels aux yeux des Abeilles. Je trouve, dis-je, bien étonnant que des animaux si fiers, si bien armés de griffes, de machoires, & d'un dard terrible, ne se jettent pas sur ces galeries, & ne les mettent pas en mille piéces. Les Abeilles déchirent bien le papier, coupent même quelquefois le bois. Comment est-ce qu'elles respectent des ouvriéres, & des ouvrages qui me paroissent si foibles, & qui les menacent cependant d'une destruction prochaine?

Eugene. On pourroit faire sur cela mille conjectures très-vraisemblables, qui ne seroient peut-être pas plus vraies l'une que l'autre. Ce que j'imagine de plus probable, c'est que les petits crochets dont leurs pattes sont armées, s'embarrassent dans la soie qui lie les grains, & que les Abeilles sentant qu'elles s'y prennent, comme elles se prendroient dans une toile d'araignée, renoncent à un ouvrage qui leur est tendu comme un piége.

Clarice. Nos Abeilles sont bien bêtes. Puisque ces galeries sont si difficiles à détruire, que n'ont-elles recours à leur propolis pour boucher & sceller la porte de l'Insecte destructeur, comme elles le sçavent si bien faire pour coller un limaçon contre un mur ?

EUGENE. Vous voyez par-là que l'intelligence des Abeilles a des bornes assez étroites, puisqu'elles ne sçavent pas appliquer dans un cas, ce qui leur réussit si bien dans un autre cas tout semblable. Ici la Nature les abandonne à la discrétion du plus foible de tous leurs ennemis. Ceux-ci à la vérité se conduisent avec beaucoup de prudence. La fausse teigne ne quitte point sa galerie pendant toute sa vie de fausse teigne. Comme l'animal l'a commencée proportionnellement à la grosseur qu'il avoit alors, cette galerie va toujours en augmentant de diamétre, à mesure que l'animal augmente lui-même de volume ; ensorte que la portion qui a été construite la premiére, ne paroît pas plus grosse qu'un fil quand l'animal l'a quittée, mais elle grossit de plus en plus, &

sur la fin elle a le diamétre d'un tuyau de plume. Ordinairement ces galeries commencent près du bord supérieur d'une cellule, & sont dirigées vers le fond de la même cellule. Le bout par lequel la galerie commence, est fermé, mais celui vers lequel elle doit être allongée, reste toujours ouvert. Quand une fausse teigne est parvenue à toute sa grandeur, elle est plus longue qu'une cellule n'est profonde; c'est ce qui fait que ces galeries sont poussées directement au travers du fond d'une cellule ; qu'elles la percent pour passer dans une autre qui lui est contigue, & retourne de-là vers une troisiéme, une quatriéme & ainsi de suite, tant que la vie de l'Insecte dure, jusqu'au moment qu'il doit faire sa coque. De-là vient que ces galeries ont une infinité de directions toutes tortueuses, passant au travers de toutes les cellules, aux dépens desquelles elles sont faites.

CLARICE. Quoique je m'intéresse très-peu à la vie de ces fausses teignes, dont je voudrois voir la race anéantie; je suis cependant curieuse de sçavoir comment elles peuvent faire pour allonger leur galerie & prendre leur pâture, car elles ne peuvent faire l'un & l'autre sans mettre la tête dehors, & l'exposer à la vûe de nos Mouches, & à tous leurs traits vengeurs.

EUGENE. Je vous ai déja dit que cette tête est écailleuse, c'est-à-dire, qu'elle est couverte d'un bon casque, contre lequel tous les aiguillons de la Ruche s'émousseroient. Ce n'est pas tout. Le premier anneau qui suit immédiatement la tête, est recouvert aussi d'une large piéce d'écaille d'une égale dureté. Toute cette partie du corps de l'Insecte peut être exposée au jour sans risque ; & la fausse teigne n'a pas besoin pour chercher ses vivres & exécuter son travail, de produire au-dehors une plus grande portion d'elle-même. Enfin quand la teigne a crû, aux dépens de la cire des Abeilles, & qu'elle est parvenue à son dernier terme de grandeur, il faut qu'elle travaille à se faire une coque pour se transformer en crysalide. Voilà ce que je n'ai pas pû voir dans les Ruches mêmes ; mais je puis juger de la conduite qu'elles y tiennent par celle qu'elles ont tenues dans des poudriers, où j'ai enfermé un bon nombre de ces teignes avec des gâteaux de cire, pour les voir travailler à mon aise. Là elles ont fait leurs coques contre la cire. Ces coques qui sont de la grosseur & de la forme d'un noyau d'olive, étoient composées des mêmes matériaux que les galeries ; c'étoit par dehors

une

une couche épaisse de grains de cire & de leurs excrémens, enlassés avec leur soie, & dans l'intérieur un tissu de soie blanche serré, poli, & si ferme, que la coque faisoit quelque résistance sous le doigt qui la pressoit. C'est ordinairement vers la fin de Juin, ou au commencement de Juillet que cette chenille se transforme en papillon.

Clarice. Comment concevez-vous que cette fausse teigne parvenue à la grosseur d'une chenille médiocre, pourra sortir de sa galerie pour se construire une coque, & qu'alors nue, & dénuée de ce rempart impénétrable aux traits des Abeilles, on la laissera travailler impunément à sa conservation, sans se venger des torts qu'elle vient de faire?

Eugene. Sa coque n'est qu'une prolongation de sa galerie. La coque commence où la galerie finit. Ce n'est pas là le plus difficile à comprendre. Mais le voici. Il faut que la fausse teigne sorte en papillon de cette même coque dans laquelle elle a passé son tems de crysalide. Il faut même qu'il sorte plusieurs papillons en même-tems de différentes coques, parmi lesquels il y ait des mâles & des femelles, qu'ils s'accouplent, & que les femelles pondent. Tout cela dure un tems assez considérable, & cependant tout cela se passe dans un camp ennemi, où il y a par-tout des Corps-de-gardes, des sentinelles qui ne dorment point, des ennemis toujours prêts à faire main-basse, & plus de galerie pour se mettre à couvert.

CLARICE. La difficulté me paroît grande, & le dénouement d'autant plus curieux.

EUGENE. Je ne vous dirai pas si l'on s'en tire impunément. Il se pourroit faire même qu'il y en auroit un bon nombre qui périssent,

& très-peu qui en sortent la vie sauve. Mais pourvû qu'une seule femelle échappe aux dangers, & qu'elle ait eu le tems de jetter ses œufs, elle est si prodigieusement féconde, que cette seconde ponte suffit pour inonder la Ruche, & donner naissance à un si grand nombre de fausses teignes tout-à-la-fois, qu'en peu de tems les gâteaux sont minés, & mangés, au point que les Abeilles désespérées abandonnent la Ruche, & vont chercher gîte ailleurs. J'ai remarqué par le moyen des fausses teignes que j'ai nourries chez-moi, dans des boëtes, & dans des poudriers, qu'il y avoit de ces papillons qui se glissoient entre deux gâteaux dans les endroits où ces gâteaux se touchent presque, & où il eût été fort difficile aux Abeilles de les aller dénicher. C'est-là qu'ils jettoient leurs œufs. Ils se comportent apparemment de même dans les Ruches. Cette opération faite, il faut qu'ils aillent chercher à vivre ailleurs : la cire n'eft plus l'aliment du papillon. Ils fe fauvent comme ils peuvent, leur falut eft dans leurs jambes. Ces papillons font pourvûs d'un talent particulier, qui paroît leur avoir été donné dans cette vûe ; c'eft d'être d'excellens coureurs. Je ne connois point d'animal de ce genre qui marche fi vîte ; il court plûtôt qu'il ne marche, & marche plus volontiers qu'il ne vole, lors même qu'il évite la main qui le pourfuit. Je vis un jour dans le bas d'une Ruche deux ou trois Abeilles courir après un papillon femblable, il couroit devant elles, & mieux qu'elles, il leur fit faire bien des tours, elles fe lafférent à la fin de le pourfuivre, & il s'échappa.

CLARICE. Je conçois à préfent que vos papillons des fauffes teignes peuvent s'accoupler, pondre, & perpétuer dans les Ruches, ils y sont nés de fausses teignes retranchées dans des coins, d'où les Abeilles n'ont pas pû les dénicher. Toute leur vie, quoique laborieuse & persécutée, peut se concevoir. Qui ne craint point pour sa vie, peut tout entreprendre. Mais ce que j'ai de la peine à imaginer, c'est comment les premiers œufs ont été portés dans ces endroits écartés & serrés. Il faut que vous supposiez pour cela, qu'un papillon femelle sera venu de dehors, aura traversé toute la Ruche, aura passé au milieu de dix-huit mille ennemis, & supposer encore que cette armée toujours attentive à chasser tout ce qui n'est point de son espéce, aura été endormie dans ce moment là ; ou bien il faut que vous retourniez à l'opinion de ma nourrice, & dire que la corruption a engendré les premiéres fauſſes teignes.

Eugene. Sans recourir à une opinion qui eſt contre toute raiſon, nous avons des faits très-propres à vous perſuader que ce que vous regardez comme une ſuppoſition difficile à admettre, eſt arrivé effectivement. Je ſuis très-convaincu qu'une fauſſe teigne femelle, fécondée & chaſſée d'une Ruche, peut entrer dans une autre Ruche, & y gagner les endroits les plus reculés, pour y porter ſes œufs. Je vous ai donné ce papillon pour un hardi coureur. Il lui ſuffit d'entrer dans une Ruche à l'improviſte, & ſans être attendu. Il court ſi précipitamment, qu'il peut paſſer au travers du corps ennemi, ſans être preſque apperçu, ou du moins ſans donner le tems de pouvoir être attaqué, & aller ſe gliſſer dans quelque lieu étroit entre des gâteaux, où il puiſſe dépoſer ſes œufs en sûreté. Sa ponte finie, il en sort comme il peut. Sa postérité lui est si chere, qu'il risque le tout pour le tout, pourvû qu'il puisse la mettre à couvert. Qu'il s'échappe ensuite, ou qu'il soit puni de son audace, cela nous importe peu, le mal est fait, & c'est ce que nous avions à craindre.

CLARICE. Quelle est donc la fureur de cet animal, de vouloir, au péril de sa propre vie, porter ses œufs au fond d'une Ruche ? N'y a-t-il que cet endroit-là seul au monde où il puisse se délivrer des œufs qui le pressent ?

EUGENE. Cela pourroit être. Vous me donnez occasion de vous parler d'une providence de la Nature tout-à-fait admirable pour la conservation des espéces qu'elle a formées, & qui servira d'éclaircissement à votre difficulté. Le Créateur en condamnant les êtres vivans à un cours de vie très-limité, a voulu que par une succession continuée, & non interrompue des enfans aux meres, la révolution des siécles donnée à la durée de l'Univers, fût remplie; & pour forcer ces êtres à se multiplier eux-mêmes, il leur a donné deux passions très-vives, & presque indomptables. La premiére est l'union des sexes, la seconde est l'amour maternel. L'une conserve ce que l'autre a fait. L'amour maternel se fait sentir lorsque l'on n'a encore que l'espérance d'être mere. Le seul sentiment d'une maternité prochaine agite, inquiéte, fait prendre des mesures pour la conservation des jours d'un objet futur. On sent de l'amour pour ce qu'on ne connoît pas encore. Je m'en rapporte à vous, Clarice, qui êtes mere.

Clarice. Je l'ai éprouvé.

Eugene. Cette passion est plus forte dans des animaux que dans d'autres.

d'autres. La Nature semble l'avoir proportionnée à la difficulté de trouver la nourriture convenable aux petits. C'est sur-tout parmi les Insectes que l'on reconnoît cet amour violent pour sa postérité, qui fait que les meres s'exposent pour elle aux dangers les plus évidens. Cette excessive passion est encore accompagnée en eux d'une connoissance extrêmement singuliére, c'est de sçavoir discerner l'espéce de nourriture qui convient à leurs petits, & de la démêler au travers d'un million d'objets. J'ai des exemples à vous en donner qui vous surprendront, si vous les ignorez. Qu'un papillon qui n'a vécu comme papillon que du suc des fleurs, sçache que des œufs qu'il porte dans son corps, il en naîtra des vers qui ne pourront vivre que d'une telle ou telle plante, & qu'il choisisse, sans se tromper, celle qui convient pour y déposer ses œufs, afin que les petits à leur avénement au monde, trouvent dans le moment la nourriture qui leur est propre ; cette connoissance est sans doute admirable. Mais que direz-vous de celle de certaines Mouches, dont les unes sçavent que la nourriture propre aux petits qu'elles vont mettre au jour, ne se peut trouver que dans le cerveau d'un mouton, d'autres dans la gorge d'un cerf, d'autres dans les entrailles d'un cheval ; & que les meres aient la hardiesse d'aller pénétrer dans des lieux si écartés, & qui paroissent si bien défendus, pour mettre leur postérité à même de son aliment ?

Clarice. A force de merveilles prouvées & démontrées, vous m'avez conduit, Eugene, au point de ne plus contester avec vous, & de croire sans hésiter tout ce que vous me dites. Vous ne me laissez de reproche à vous faire, que celui d'être trop court. Je voudrois un éclaircissement un peu plus étendu sur ces trois espéces de Mouches, qui placent leurs œufs si singuliérement.

Eugene. Je le ferai, mais avec les seules circonstances qui ont du rapport à ce que je veux vous faire connoître ; c'est-à-dire, pour vous donner des exemples, qu'il y a des animaux qui sont contraints par la Nature à placer leur postérité en tel endroit, & non en d'autres. Une Mouche un peu plus grosse que celles qui sont familiéres dans nos appartemens, qui a un air paresseux & endormi, qui fait rarement usage de ses jambes & de ses aîles, sçait se ranimer, sçait trouver des aîles & des jambes, lorsqu'étant fécondée il est question de déposer ses œufs en lieu convenable. Elle est instruite que le seul aliment dont ses enfans pourront faire usage, est une certaine mucosité ou humeur glaireuse, qui ne se trouve que dans une cavité qui est au haut du nez des moutons, que l'on appelle *Sinus frontal*. La tendresse maternelle la rend diligente, active, industrieuse, elle lui fait trouver des moutons, & malgré les reniflemens & les mouvemens continuels de l'animal, elle trouve le moyen de s'introduire dans ses narines, & de gagner le sinus frontal. Arrivée dans cette retraite, elle y pond son œuf tranquillement, & en sort après comme elle peut. C'étoit là, & non ailleurs que l'œuf devoit éclore, il en vient un ver qui y vit, qui s'y nourrit aux dépens du mouton, qui y passe les jours de son enfance, en sort ensuite pour se laisser tomber à terre, & s'y cache pour devenir Mouche à son tour comme sa mere.

Clarice. Ne seroit-ce point ces vers qui rendent quelquefois mes moutons fous ?

Eugene. Il y a beaucoup d'apparence. Car ces vers sont épineux du côté du ventre, & ont deux crochets écailleux & très-pointus, qui leur servent à marcher. S'il leur prend fantaisie de n'être pas tranquilles dans les sinus frontaux des moutons, & d'y vouloir changer de place, ils doivent avec leurs épines & leurs crochets faire sentir au mouton des douleurs bien vives, qui sont probablement la cause de ces espéces d'accès de vertige ou de frénésie, auxquels est sujet un animal si doux & si pacifique. C'est sans doute alors qu'on voit les moutons bondir, & aller heurter leur tête à diverses reprises contre les corps les plus durs, contre les arbres, & contre les pierres. Une autre Mouche qui ne m'est connue que par les vers dont elle vient, sçait, comme la précédente, que la nourriture de ses petits se doit trouver dans deux bourses charnues, qui sont à l'entrée du gosier, & à la racine de la langue des cerfs ; elle sçait encore le chemin qu'il faut tenir pour pénétrer dans ces bourses. Elle prend son tems, entre dans le nez de l'animal, & s'insinue par les narines. Si elle ne se conduisoit qu'au hazard, elle pourroit s'arrêter en chemin, ou aller, comme la Mouche des moutons, dans le sinus frontal ; mais elle ne s'égare point ; elle connoît le chemin qu'elle doit faire, quoique ce soit la premiére fois de sa vie qu'elle le fasse. Elle enfile sans hésiter au milieu des plus profondes ténébres, les routes tortueuses qui conduisent depuis l'entrée du nez jusqu'à la racine de la langue, où sont ces deux bourses. Est-elle arrivée, elle pond, & se retire contente, sa famille est en sureté.

CLARICE. Voilà, je vous l'avoue, des traits bien singuliers. Le génie romanesque le plus fécond ne fournit point de fables si merveilleuses, que le sont les faits que nous présente la Nature bien examinée.

EUGENE. Il vous revient encore la Mouche du cheval, qui n'est pas moins admirable que les deux précédentes. Je vous dirai ce que nous en sçavons, d'après un de nos Philosophes, qui l'a étudiée & suivie avec attention. Celle-ci n'habite que la campagne, elle n'approche point de nos maisons, ou du moins de celles des villes; aussi n'y a-t-il que les chevaux que l'on met dans les pâturages, qui y soient sujets. Le Philosophe dont je veux vous parler, est parvenu à voir une de ces Mouches dans ces momens difficiles à rencontrer, où elles s'introduisent dans les entrailles d'un cheval. Ce Docteur regardoit un jour ſes jumens à la campagne, & tout-d'un-coup de tranquilles qu'elles étoient, il les vit ſe tourmenter, faire des bonds, des gambades, & des ſauts, donner des ruades, & agiter leur queue. Il ne douta pas qu'elles n'euſſent été déterminées à ces mouvemens extraordinaires par le bourdonnement d'une Mouche qui voloit autour d'elles, & qui faiſoit des tentatives pour parvenir à l'anus de quelques-unes de ces cavalles. La Mouche n'ayant pû y réuſſir, il la vit voler avec moins de bruit vers une cavalle qui paiſſoit ſéparée des autres. Cette fois-ci la Mouche prit mieux ſes meſures, elle paſſa ſous la queue, & ſçut trouver l'anus. D'abord elle n'y excitoit apparemment qu'une ſimple démangeaiſon, qui déterminoit la cavalle à faire ſortir les bords de ſon inteſtin, à l'ouvrir, & à en aggrandir l'ouverture. La Mouche sçut en profiter, elle pénétra plus avant, & se cacha dans les replis du fondement. Ce fut apparemment alors qu'elle acheva son opération, qu'elle fut en état de faire sa ponte : peu de tems après la jument parut devenir furieuse, elle se mit à courir, faire des sauts & des gambabes, elle se jetta par terre ; enfin elle ne devint tranquille, & ne recommença à paître qu'au bout d'un quart-d'heure. L'exemple de ces Mouches aussi-bien que celui de notre papillon de fausse teigne, suffit pour vous faire voir, que s'il a plu à l'Auteur de la Nature de destiner pour la nourriture de certains embrions, des matières qui paroissent si cachées & si éloignées d'eux, il a donné en même-tems aux meres de ces embrions la connoissance de ces matières, des lieux où elles font contenues, des chemins qu'il faut tenir pour y arriver, enfin toute l'induſtrie & toute l'audace néceſſaire, pour ſurmonter les obſtacles qui s'oppoſent à leur découverte. Il a voulu même que ce fût au hazard de leur vie. La vie de chaque individu en particulier eſt moins précieuſe que la conſervation de toute l'eſpéce. Je terminerai ici ce que j'avois à vous dire ſur les ennemis des Abeilles. J'aurois pû encore y joindre la mauvaiſe conduite des hommes à leur égard, les maladies auxquelles elles ſont ſujettes, & le froid & la faim qui en font périr un grand nombre. Mais ces articles fourniront aſſez de matiére pour remplir entiérement le premier Entretien que nous aurons.

XVII. ENTRETIEN.

De la meilleure maniére de tirer le miel & la cire des Ruches sans faire périr les Abeilles. De la nécessité de les garantir du froid & de la faim pendant l'Hyver & le Printems.

CLARICE. NOtre derniére conversation m'a rappellé une réflexion qui s'est présentée souvent à mon esprit; c'est qu'il n'y a guéres d'espéces d'animaux sur la terre, qui n'aient leurs *antagonistes* dans d'autres espéces d'animaux, & que l'homme est l'*antagoniste* universel de tous. Il s'en croit le Souverain, & il en use en tyran; il pense que toute la terre avec ce qu'elle contient, est faite pour lui seul, qu'il a un droit incontestable de vie & de mort sur tout ce qui respire. Je trouve assez plaisant que l'homme en mangeant son bœuf & son mouton, croie n'user que d'un bien légitimement acquis.

Eugene. Le lyon est en droit de penser de même en mangeant son homme, & le loup nos moutons. Mais je crois que les uns & les autres auroient de la peine à montrer d'autre titre primordial de leur souveraineté, que la force ou l'adresse. Au reste n'entrons pas plus avant dans cette question, qui nous attireroit nombre de contradicteurs intéressés à n'être pas de votre avis. Je me contenterai de vous dire que si nos ancêtres furent des usurpateurs de l'empire sur les animaux, une longue possession nous a rendu possesseurs de bonne foi, mais ne nous dispense pas d'user de ces biens avec œconomie, sagesse, tempérance & discrétion. Outre les droits que nous prétendons avoir sur leurs personnes, nous en avons d'autres qui paroissent mieux fondés sur ce qui leur appartient. Il y a des animaux qui ont un superflu qui tomberoit en pure perte ; pourquoi n'en ferions-nous pas usage ? C'est entrer dans les vûes de la nature qui semble nous les offrir. Les poules jettent des œufs beaucoup au-delà du nécessaire pour la propagation de leur espéce. Les vaches donnent du lait avec une abondance qui marque bien que tout n'est pas fait pour la nourriture de leurs veaux. Les moutons nous laissent prendre leur laine, & la réparent aussi-tôt. Les Abeilles sçavent renouveller leur cire autant de fois qu'on leur en retranche. Partageons donc ces biens avec eux, mais suivons l'exemple des bons

Rois qui ne tirent des contributions de leurs sujets qu'autant qu'ils les mettent eux-mêmes en état d'y satisfaire par la justice, la protection, & l'abondance qu'ils leur procurent. C'est ce que nous sçavons très-bien faire à l'égard des animaux qui peuplent nos basses-cours. Pourquoi la barbarie sera-t-elle réservée pour les seules Abeilles ? On perd tous les ans dans plusieurs Provinces du Royaume, & sur-tout autour de Paris, un grand nombre de Ruches, parce qu'on veut bien les perdre. Il s'y est établi une pratique aussi mal entendue que barbare. Pour avoir le miel & la cire d'une Ruche, on ne sçait autre chose que d'en faire périr toutes les Mouches. On fait en terre un trou capable de recevoir le bas de la Ruche ; dans le fond de ce trou on jette quelque linges souffrés & tout allumés ; on pose aussi-tôt la

Ruche au-dessus de la vapeur, & on raméne tout autour assez de terre pour empêcher les Mouches, & la fumée même de s'échapper. L'odeur forte du souffre dont la Ruche se trouve bien-tôt remplie, étouffe en peu de tems toutes les misérables Abeilles. Il y a d'autres genres de mort que différens Auteurs se sont fait un mérite d'inventer, & dont je me ferai un mérite de ne vous point parler. Dans les endroits où ces procédés aussi mal habiles que cruels, sont en usage, on cherche à les justifier en disant que l'on ne fait périr de la sorte que de vieilles Mouches, de qui il n'y a plus rien à attendre, qui ne donneroient plus d'essaims, & qui mangeroient pendant l'hyver une grande partie du miel qu'elles ont amassé. Tel seroit le raisonnement d'un tyran, qui en égorgeant tous les habitans d'une de ses villes pour avoir leur or & leur argent, prétendroit justifier sa monstrueuse cruauté, en supposant que tout étoit vieux dans cette ville, & qu'elle n'auroit point donné de postérité l'année suivante.

Clarice. On reconnoît bien là l'homme que l'avarice posséde. Ce ne sont qu'horreurs dans ses raisonnemens & dans sa conduite. Quand je vois quelque part injustice & cruauté marcher ensemble, j'en conclus que l'avarice les conduit, & je ne me trompe guéres.

Eugene. Votre réflexion, Clarice, est très-vraie. Qui leur a dit que tout étoit vieux dans une Ruche ? Nous avons vû que lorsqu'un essaim sortoit, il étoit composé de Mouches anciennes, & de jeunes Mouches, & qu'il restoit des unes & des autres dans la Ruche abandonnée. Lorsque les Gots & les Saxons envoyoient des

des colonies dans nos Gaules, ne restoit-il dans leur pays que des vieillards incapables de se donner des successeurs? Les Ruches se renouvellent continuellement, comme les villes & les Etats. S'il y en a dont les Mouches périssent par quelque accident, il n'est pas rare d'en voir qui durent huit à dix ans. J'ai connu un paysan qui en a conservé une pendant plus de trente années. On ajoute qu'elles mangeroient pendant l'hyver tout le miel qu'elles auroient amassé. Autre raisonnement dicté encore par l'avarice, qui entend toujours mal ses intérêts. Il est vrai qu'elles en mangeroient la plus grande partie, & même le tout si l'on veut, puisqu'elles ne l'amassent que pour vivre. Mais ne vaut-il pas mieux se contenter d'en retrancher une portion en différentes années, & en différentes saisons de la même année, comme on le pratique en divers pays, que de vouloir tout enlever à la fois. Quel nom donneriez-vous à un villageois qui tueroit sa chévre pour profiter tout d'un coup de tout le lait qu'elle porte ?

Clarice. Que j'aime à vous voir confondre l'avarice, & défendre l'innocence contre l'injuste oppression & la tyrannie. Je voudrois qu'il me fût permis de faire des loix, vous auriez tout à l'heure un édit fulminant contre l'Abeillicide.

Eugene. Il est tout fait. Alexandre de Montfort, dont je vous ai déja parlé, cite une loi faite par un Grand Duc de Toscane, qui défend de faire ainsi mourir les Abeilles, sous peine de punition arbitraire.

Clarice. Ah, l'aimable Prince ! qu'il étoit bien digne de commander aux autres. Comment toutes les Puissances de la terre n'ont-elles pas suivi un si louable exemple ? Pour moi, je prétends faire une pareille ordonnance qui sera publiée dans toute l'étendue de mon petit domaine.

EUGENE. Cela sera fort bien. Mais il faut en même tems remplacer la pratique usitée en donnant un moyen plus doux de tirer la cire & le miel.

CLARICE. Je l'attends de vous.

EUGENE. Lorsqu'on a donné aux Abeilles tous les soins dont on est capable pour les conserver, les faire multiplier, & leur faire faire de grandes récoltes, on a acquis le droit de partager avec elles le fruit de leurs travaux; je dis partager, & non pas leur enlever le tout avec la vie. Ce partage se fait en se contentant de couper quelques portions des gâteaux de chaque Ruche, ce qu'on appelle les châtrer ou tailler. On en use ainsi dans plusieurs pays où on les taille en différentes saisons; dans quelques-uns c'est à la fin de Février, ou dans le mois de Mars. On peut alors, sans faire tort aux Mouches, leur ôter une grande partie de la cire, & en même tems du miel qui leur est resté de leur provision d'hyver. Elles n'ont besoin qu'on leur laisse que ce qui leur en faut pour passer les jours rudes qu'il peut y avoir depuis la fin de l'hyver jusqu'au mois de Mai. On peut aussi leur ôter alors plusieurs de leurs gâteaux de cire qui sont vuides de miel, & sur-tout ceux dont la cire est devenue trop noire. Ce qu'on enléve ainsi aux Abeilles dans un tems où elles peuvent le remplacer bien vîte, est un superflu qui loin de leur faire du tort, les met plus à leur aise, & leur donne lieu de faire de nouvel ouvrage. Le tems de cette opération n'eſt pas toujours le même pour tous les lieux ; il doit varier ſuivant les différentes Provinces, & ſuivant que les ſaiſons ſont plus ou moins favorables. Nos récoltes ne ſe font pas par-tout dans les mêmes mois. La naiſſance plus tardive, ou plus hâtive des fleurs, avance ou retarde l'ouvrage des Abeilles. Je connois des Provinces où l'on ne taille les Ruches qu'en Juillet ou en Août.

CLARICE. Je me repréſente l'opération de tailler les Ruches comme une entrepriſe bien hardie. Croiriez-vous bien, Eugene, que depuis le tems que l'on nourrit des Abeilles chez moi, je n'ai jamais eû la hardieſſe de me trouver préſente à cette expédition ?

EUGENE. Aurez-vous bien celle d'en entendre la deſcription ? C'eſt effectivement une expédition militaire, & des plus hardies, que d'enlever de l'intérieur d'une

Ruche des gâteaux que des milliers de Mouches bien armées font très-disposées à défendre. Aussi celui qui l'entreprend doit-il être cuirassé de pied en cap ; il doit avoir pris les précautions que vous avez vû prendre à votre Jardinier, lorsqu'il a tiré un essaim de dessus l'arbre, pour le faire passer dans une Ruche, c'est-à-dire, de se bien couvrir le visage, les mains & les jambes. Il y a pourtant des gens à la campagne qui, comme je vous l'ai dit autrefois, peuvent se passer de ces précautions. A l'égard de l'heure propre à cette opération, il y en a qui veulent qu'on prenne celle de midi, parce qu'ils pensent que le plus grand nombre des Abeilles est alors en campagne. Je ne conseillerois à personne de s'y fier. L'heure de midi dans les jours chauds, est celle où l'on travaille le moins, & où plus de Mouches par conséquent sont renfermées. Si l'on choisit des jours tempérés où l'heure de midi le soit aussi, plus il y aura d'Abeilles dehors, plus il y en aura qui rentreront à chaque instant. Tous ces petits habitans désespérés de trouver à leur retour leur ville renversée, & leurs biens ravagés, courront à la vengeance; & l'escadron furieux n'entendra faire de quartier à l'ennemi commun. D'autres pensent, & c'est aussi mon sentiment, qu'il vaut mieux choisir le matin, tems où elles sont encore engourdies par les fraîcheurs de la nuit. Pour les rendre encore plus dociles, on peut augmenter leur engourdissement en les enfumant. On souléve un peu la Ruche, & l'on y fait entrer la fumée d'un tampon de linge qu'on tient à la main; cela les étourdit, & les oblige de monter au haut des gâteaux. On profite de ce moment pour renverser la Ruche & la coucher sur une chaise, ou sur un banc, à une hauteur qui facilite l'opération que l'on veut faire. Un coup d'œil jetté dans la Ruche, apprend quels sont les gâteaux qu'il convient de couper. Alors avec un couteau, dont la lame est un peu courbe, comme celle des serpettes, on taille & on retranche ce que l'on juge à propos. La vûe des gâteaux pleins de miel, & de ceux qui sont très-vieux, détermine à détacher ceux d'un côté plûtôt que d'un autre; à les détacher en entier, ou à n'en prendre que des parties. Enfin, on est convenu qu'il y a une sorte d'équité, & même de nécessité, de laisser aux Abeilles à peu près la moitié de leur miel. Il est bon pendant toute l'opération, de conserver le linge brulant, & d'en laisser aller la fumée au fond de la Ruche pour contenir les Abeilles.

CLARICE.

CLARICE. Toutes ces précautions sont fort bien imaginées. Mais ne hazarde-t-on pas en voulant partager le miel & la cire, d'enlever & faire périr en même-tems un grand nombre de petits vers qui seroient devenus Mouches peu de tems après, & d'encourir les peines portées par l'Edit du Grand Duc ?

EUGENE. Vous avez raison. C'est une faute dans laquelle tombent souvent les gens qui ne sont pas assez attentifs. Pour peu que l'on se soit accoutumé à connoître les gâteaux, à distinguer ceux dont les alvéoles sont bouchés, & parmi ceux-ci, sçavoir discerner ceux qui font des magasins à miel, de ceux qui renferment des nymphes, on n'y tombera point. En rompant d'abord un petit morceau d'un gâteau, & en examinant ses alvéoles, on reconnoîtra facilement s'ils contiennent des vers, des nymphes, & des œufs, ce que l'on appelle du *Couvain*. Dans ce cas, on doit les épargner. Il y a des Auteurs qui prescrivent de ne couper que les gâteaux qui sont vers le derriére de la Ruche. Cette régle est trop générale. Il faut s'en tenir à choisir les gâteaux qui sont les plus pleins de miel. Après qu'on a ôté à une Ruche tout ce qu'on veut lui ôter, on la remet en place. Le côté auquel on a le plus ôté, doit être mis en-devant, c'est-à-dire, être le plus exposé au Soleil, parce que c'est de ce côté-là que les Abeilles travaillent le plus volontiers. Il y a des personnes qui ont trouvé un milieu qui leur a paru modéré, entre l'envie de profiter d'une Ruche entiére, & la cruauté d'en faire périr les habitans. Ils font passer toutes les Mouches d'une Ruche pleine dans une Ruche vuide. Mais cela ne se doit pratiquer que dans le Printems, & les saisons où la campagne peut fournir abondamment aux Mouches dequoi réparer promptement leurs pertes. Cependant par cette pratique on détruit le couvain, ce qui est toujours une perte considérable, & qu'il faut éviter autant qu'il est possible. Je ne connois qu'un cas où cela soit absolument nécessaire, c'est lorsque ces fausses Teignes dont je vous ai parlé, se sont tellement multipliées dans une Ruche, que les Abeilles n'ont rien de mieux à faire, que de la leur abandonner.

CLARICE. Vous m'avez rendu l'ame contente en m'apprenant la maniére de concilier nos intérêts avec la vie de nos petits sujets. Il me reste à sçavoir comment on peut les mettre en état de nous payer leurs contributions sans les fouler, & sans leur donner lieu de se plaindre de nous.

Eugene. C'est en les protégeant de tout notre pouvoir contre les événemens funestes, dont elles ne pourroient se défendre sans nous. Outre les êtres vivans qui font la guerre aux Abeilles, elles ont encore dans la constitution de l'Univers bien des fléaux, dont il leur est impossible de se garantir. C'est bien assez qu'elles apportent de leur part les admirables industries que nous leur avons vû, & qu'elles joignent la diligence & l'assiduité à un travail dont nous voulons partager avec elles le profit. Il est juste que nous concourions de notre côté à leur rendre la vie commode, aisée, & à détourner de dessus leur tête ce qui leur nuit. Les deux fléaux qui font le plus périr d'Abeilles, & qui quelquefois ont détruit plus de la moitié de vos Ruches en une seule année, sont le froid, & la faim. C'est à cela principalement que vous devez vous attacher, si vous avez à cœur le salut de vos Abeilles.

Clarice. Est-il si difficile de défendre les Abeilles contre le froid & la faim ?

Eugene. Il l'est plus que l'on ne le croit. Souvent en voulant les garantir du froid, on les expose à mourir de faim. Voici comme cela arrive. Elles doivent, comme tous les Insectes, passer l'Hyver, en sentir les atteintes, & ne prendre aucuns alimens.

Clarice. A quoi leur serviront-donc ces magasins fermés où elles ont fait une provision de miel ? J'ai cru, jusqu'à présent, que c'étoit pour vivre, après que la saison des fleurs seroit passée.

Eugene. Cela est vrai, mais non pas dans toute l'étendue que vous le pensez. Reprenons les choses d'un peu plus haut, pour nous en faire une idée juste. Parmi la variété infinie d'Animaux que la nature a formés, il y en a, (& c'est sur-tout dans la classe des Insectes) qui ne peuvent trouver les alimens nécessaires au soutien de leur vie, que pendant une partie de l'année. Ceux, par exemple, qui ne vivent que de feuilles d'arbres, que de plantes, que de fruits, sont réduits à se passer de nourriture pendant l'autre partie de l'année, où les feuilles, les plantes, & les fruits ne sont plus. Il n'est pas difficile de concevoir, comment ils peuvent soutenir un si long jeûne. Nous ne prenons des alimens que pour réparer les pertes que nous faisons continuellement par le mouvement & la transpiration. Si nous pouvions arrêter en nous tout mouvement, & toute dissipation de nos parties, il n'y a pas de doute que nous ne pussions subsister sans alimens tout le tems que nous resterions dans cet état.

Ce que nous ne pouvons faire, les Infectes le font. Ils fçavent contenir leur corps dans une immobilité parfaite pendant tout le tems de l'Hyver; il eft probable qu'ils ne font pas grande dépenfe en efprits animaux pour penfer; quant à la tranfpiration qui fe faifoit en eux pendant le tems chaud, elle eft arrêtée par le froid; ils ne diffipent donc plus, ils n'ont plus befoin de réparer, & par conféquent de manger. Les Abeilles font dans le cas des Infectes; mais avec quelqu'exception. La plûpart des Infectes font capables de foutenir des froids très-rigoureux. Vous ne connoiffez que trop cette efpéce de Chenille qui défole vos vergers & vos bois, & qui fait des paquets qui paffent l'Hyver au bout des branches de vos arbres. Elle peut éprouver fans périr un degré de froid de quatre ou cinq degrés plus fort que celui qui se fit sentir en l'année 1709. D'autres n'en pourroient pas soutenir de si rude; mais tous, ou presque tous, sans distinction du plus ou du moins de froid, sçavent attendre dans le repos & la diéte le moment où la terre recommencera à produire l'aliment qui leur est propre. Les Abeilles n'ont pas ce talent, elles ne peuvent soutenir qu'un certain degré de froid assez médiocre. Celui qui arrête la végétation, & la naissance des fleurs, les met dans un état où la nourriture cesse de leur être nécessaire; il les tient dans une espéce d'engourdissement, pendant lequel il ne se fait chez-elles aucune transpiration, ou au moins pendant lequel la quantité qu'elles transpirent, est si peu considérable, que leur vie n'en souffre point. Si l'Hyver se passoit dans un degré de froid toujours égal, & tel qu'il convient aux Abeilles pour les tenir simplement engourdies jusqu'au renouvellement des fleurs, elles n'auroient pas besoin de la provision de miel qu'elles ont faite : mais il s'en faut bien que dans cette saison un jour ressemble à l'autre. Je suppose des Abeilles engourdies par le degré de froid que je viens de dire ; si un dégel survient, si l'air se radoucit, si les rayons d'un Soleil brillant tombent sur la Ruche, & l'échauffent, les Mouches à miel sortent aussi-tôt de leur espéce de léthargie ; cette chaleur subite les ranime, les tire de leur assoupissement : elles agitent leurs aîles, se remettent en mouvement, l'activité leur est rendue, & l'apétit en même-tems. C'est alors que reviennent les besoins de prendre des alimens. La campagne ne pouvant en fournir, on ouvre les armoires, & l'on a recours au miel

& à la cire brute que l'on avoit mis en réserve. Elles commencent par déboucher les alvéoles inférieurs, réservant pour les derniers ceux qui sont plus élevés, quoique les premiers remplis. Elles ont une bonne raison, sans doute, pour manger d'abord le miel qui a été ramassé le dernier. Je présume que le miel d'Eté ou d'Automne ne leur paroît pas si propre à être conservé que celui du Printems, & que peut-être il s'épaissit plus promptement. Enfin, si le froid se resserre, elles rentrent dans leur engourdissement, s'il se relâche, elles recommencent à manger. Ainsi, plus l'air doux continue pendant l'Hyver, plus elles consomment de miel, plus elles diminuent journellement la provision qu'elles en avoient faite, & plus elles courent risque de l'avoir entiérement consommée avant la saison des fleurs. Voilà ce qui les expofe à la famine. D'autre côté, fi elles ne font pas en aſſez grand nombre dans leur Ruche, ou fi l'Hyver eſt trop rigoureux, elles courent rifque d'y fouffrir un froid capable de les tuer. Un certain degré de froid eſt donc favorable aux Abeilles; celui qui ne fait que les engourdir, les met hors de danger de manquer trop-tôt de vivres, celui qui ne les engourdit pas, les conduit à la famine, & celui qui les engourdit trop, leur eſt mortel. C'eſt ainfi que dans les rudes Hyvers les Abeilles font expofées à mourir de froid, & dans les Hyvers doux à mourir de faim. Nos Mouches font bien inſtruites qu'elles font menacées de ces deux fléaux; auſſi emploient-elles toute leur induſtrie pour s'en garantir. Elles aiment à être en grand nombre dans leurs Ruches, fçachant, fans doute, que plus elles y feront, plus elles échaufferont leur air intérieur; par-là elles se précautionnent contre les rigueurs de l'Hyver : elles se précautionnent aussi contre la disette où les exposeroit un Hyver trop doux en faisant des magasins de miel, & de cire brute.

Clarice. Puisqu'elles entendent si bien leurs intérêts, quel besoin avons-nous de nous inquiéter de leurs affaires ?

Eugene. La nature qui leur a donné la connoissance de leurs besoins, n'a pas jugé à propos de leur donner des forces suffisantes pour les remplir autant qu'il seroit nécessaire. Elle a voulu apparemment que nous fussions obligés d'y mettre du nôtre, & de partager leurs peines, si nous voulions partager leur fortune. C'est pourquoi si nous voulons conserver nos Abeilles pendant l'Hyver, il faut porter principalement notre attention fur ces deux objets, fçavoir, d'empêcher que le froid ne les faffe périr, & d'avoir foin qu'elles ne manquent point de nourriture lorfque les Hyvers feront trop doux, & trop long-tems doux. Je m'en vais vous donner fur ces deux articles toutes les connoiffances que l'expériencenous a apprifes.

CLARICE. Je les recevrai avec plaifir. Mes Abeilles peuvent compter fur mes foins dès que je fçaurai comment on peut leur fixer un certain degré de froid, convenable pour leur confervation.

EUGENE. Chaque Abeille féparément n'eft pas en état de foutenir long-tems un degré de froid bien moins confidérable que celui qui fuffit pour congeler l'eau. Je ne connois aucun Infecte à qui la chaleur foit fi néceffaire. Elles périffent de froid dans un air dont la température paroîtroit affez douce à tous les Infectes de notre climat.

CLARICE. Comment peuvent-elles donc vivre dans des Jardins pendant des Hyvers très-rudes ? Car, quoiqu'il en meure beaucoup, vous conviendrez qu'elles n'y meurent pas toutes, & qu'il en reste un bon nombre qui franchissent cette rigoureuse saison, & parviennent au Printems.

EUGENE. C'est que l'air d'une Ruche, n'est point le même que celui d'un Jardin, il est toujours plus chaud, & d'autant plus chaud, que la Ruche est plus peuplée. Imaginez qu'une Ruche est comme la sale de l'Opéra. Si la sale de l'Opéra étoit au milieu des champs pendant un beau jour d'Hyver, où il gêleroit à pierre fendre, & qu'il n'y eût qu'une personne dedans, vous ne doutez pas que cette personne n'eût presque aussi froid, que ceux qui seroient dehors. S'il y avoit mille personnes, elles commenceroient à avoir moins froid. Et enfin, si on y faisoit assez d'échaffauts pour en contenir dix ou douze mille, chacun fournissant son contingent de chaleur naturelle, l'air de la sale de l'Opéra pourroit bien être converti en un tempéré agréable, pendant que celui de dehors seroit encore de dix ou douze degrés plus froid, que celui qui suffit pour geler l'eau. Mais que seroit-ce, si ces dix ou douze mille personnes s'avisoient de se remuer toutes ensemble, de s'agiter, de se donner des mouvemens violens ? Il n'y a pas de doute qu'elles ne parvinssent jusqu'à se faire suer, & à donner à leur air une chaleur égale à celle des Etés les plus chauds. En appliquant cette comparaison à nos Ruches, vous concevrez facilement que plus elles seront peuplées, plus elles seront en état de résister aux froids les plus violens. Vous voyez déja combien il nous est facile de les garantir de ce fléau. Il n'y a qu'à avoir attention, lorsque l'Hyver approche, que les Ruches que l'on veut garder pendant cette saison, soient bien garnies de Mouches. Delà naît une maxime importante en matiére d'Abeilles. C'est que lorsque vous aurez des Ruches mal-peuplées, vous n'aurez qu'à en faire une seule de deux, faire passer toutes les Mouches de l'une dans l'autre ; ce qu'on appelle les marier. Par ce moyen vous les peuplerez assez pour les mettre en état de passer leur Hyver avec moins d'accidens fâcheux.

Clarice. J'avois déja entendu parler de cette pratique, mais je n'en sçavois pas la raison. Cependant j'ai de la peine à imaginer que des Mouches, qui lorsque je les touche, ne font pas sur mes doigts une impression sensible

ble de chaleur, soient capables de répandre dans l'air qui les environne, une chaleur telle que vous avez voulu me la faire imaginer par votre comparaison de douze mille personnes enfermées. Les hommes pourroient avoir une chaleur naturelle que les Abeilles n'auroient pas. Vous sçavez mieux que moi, que les comparaisons ne sont pas des preuves.

Eugene. Il faut donc vous convaincre par l'expérience. Un jour du mois de Janvier, j'avois mis dans mon Jardin, & à côté d'une Ruche vitrée, un Thermométre; il étoit à trois degrés au-dessous de la congélation; c'est-à-dire, que l'air étoit de trois degrés plus froid, qu'il ne doit être pour geler l'eau dormante. Un carreau de verre étoit cassé à un des coins de ma Ruche; j'ôtai ce que j'avois substitué pour boucher cette ouverture, & je fis entrer par-là mon Thermométre dans la Ruche, après l'avoir ôté de dessus son cadre de bois. Quoique les gâteaux de cire, sur lesquels la boule du Thermométre s'arrêta, fussent encore assez éloignés du centre, & de ceux où les Abeilles s'étoient réfugiées ; la liqueur cependant ne tarda pas à s'élever, elle monta à dix degrés au-dessus de la congélation. Ces dix degrés désignent celui de la température des caves. Si j'eusse pû mettre la boule de mon Thermométre au milieu du massif que les Abeilles formoient dans la Ruche, la liqueur se fût peut-être autant, & plus élevée, qu'elle ne s'éléve dans plusieurs de nos jours chauds d'Eté.

CLARICE. Cette expérience me paroît sans réplique.

EUGENE. Vous n'en serez pas quitte pour une seule. Vous aurez encore celle-ci. Ce fut dans le mois de Mai que j'en fis une autre de la même nature. Je fis defcendre la boule d'un Thermomètre par un trou laiffé exprès au fommet d'une Ruche. Cette fois-ci la boule fe trouva au centre du maffif de toutes les Mouches raffemblées & tranquilles, & la liqueur monta à 31. degrés au-deffus de la congélation; ce qui fait une chaleur plus grande que celle de nos jours d'Eté les plus chauds.

CLARICE. Cela eft prodigieux.

EUGENE. Ce n'eft encore rien. Elles fe procurent bien une autre chaleur, quand elles fe mettent en mouvement. J'avois confervé pendant l'Hyver des Abeilles dans une Ruche, où je les avois fait paffer fans leur donner aucuns gâteaux de cire; elles y étoient, pour ainfi dire, à nud. L'air de dehors n'étoit que très-peu au-deffus de la congélation. Les carreaux de verre de ma Ruche paroissoient froids à mes doigts. Quand il m'arrivoit d'inquiéter ces Mouches, soit à dessein, soit sans l'avoir voulu, quand elles se dispersoient, & que tumultuairement elles se déterminoient à marcher de divers côtés, à agiter leurs aîles, & à faire un grand bourdonnement, aussi-tôt il s'élevoit dans la Ruche une chaleur si considérable, que lorsque je touchois ces mêmes carreaux de verre, qui m'avoient paru froids, je les trouvois aussi chauds qu'ils eussent été, si je les eusse tenus près du feu, & exposés à un degré de chaleur qu'on a peine à soutenir.

Clarice. Voilà vos douze mille hommes en sueur dans la sale de l'Opéra, pendant qu'au dehors il géle à pierre fendre.

Eugene. Vous voyez par-là, que plus le nombre des Mouches à miel, qui habitent une Ruche, est grand, moins il est à craindre que l'air ne devienne assez froid pour les faire périr. Elles s'échaufferont elles-mêmes par leur nombre.

Clarice. J'ai cependant entendu mon Jardinier se plaindre, que des Ruches qui avoient fort bien passé l'Hyver, étoient péries de froid au Printems.

Eugene. J'ai vû la même chose arriver chez-moi, j'en ai trouvé la raison & le reméde. La raison est lorsqu'au sortir de l'hyver les Mouches prennent trop-tôt l'essor. Comme elles quittent un air extrêmement chaud, pour passer dans un autre qui est plus froid, qu'elles ne peuvent le supporter, elles en sont saisies, & meurent. Si le nombre de ces Mouches trop impatientes est grand, la Ruche en est d'autant dépeuplée, & alors cette même Ruche, qui par la multitude de ſes habitans avoit réſiſté à la rigueur de l'hyver, n'eſt plus en état de ſoutenir les jours froids, qui ſe font encore ſentir dans les mois de Mars & d'Avril. Mais il y a un reméde à cela, qui eſt de les empêcher de ſortir trop-tôt. C'eſt à nous, qui ſçavons ce qui ſe paſſe au-dehors, à régler leur ſortie. Je vous dirai bientôt comment cela ſe peut faire. Ne quittons point la meſure du froid que peuvent ſoutenir les Abeilles, ſans avoir épuiſé tout ce que l'expérience nous en a appris. Je vous ai déja dit qu'un froid qui ſeroit aſſez léger pour nous & pour le commun des Inſectes, eſt trop grand pour les Abeilles. Il y a plus, un air aſſez doux pour nous, eſt trop froid pour elles : cela s'entend de chaque Abeille en particulier, des Abeilles iſolées de leur troupe, ou en très-petit nombre. En voici la preuve. Vers la fin de

Novembre, je renfermai dans un poudrier de verre deux douzaines d'Abeilles. Je les plaçai dans un cabinet dont l'air fut pendant tout le jour entre quatre & cinq degrés au-dessus de la congélation. En moins d'une heure elles parurent mortes. Le soir, je les fis chauffer, pour sçavoir si elles l'étoient réellement; le feu les ranima, & toutes donnérent des signes de vie. Je les reportai sur le champ dans le même cabinet, d'où je les avois tirées, & presque sur le champ elles retombérent dans leur état de mort. Le lendemain matin je les chauffai de nouveau, & je les trouvai encore en vie. Je leur fis subir cette alternative de chaud & de froid pendant trois jours, mais elles y succombérent, & le troisiéme jour il n'y eut plus de retour. Une autre fois, c'étoit, si je m'en souviens, un premier jour de Décembre, je mis une douzaine & demie d'Abeilles très-vives dans un autre poudrier, qui fut tenu dans mon cabinet, & dans un air bien plus doux que celui des précédentes. La liqueur du Thermomètre fut pendant le jour à quinze degrés, & pendant la nuit à onze. Cependant cet air pareil à celui d'un doux printems, fut capable de les réduire au bout de trois heures dans un engourdissement léthargique. Je les y laissai pendant trois jours, après lesquels ce fut inutilement que je voulus les rappeller à la vie, elles étoient péries sans ressource.

CLARICE. Comment accordez-vous cela avec leur sortie au printems, & dans un tems où le même air, loin de les faire mourir, les réveille, & les invite au travail?

EUGENE. Cela s'accorde facilement. Dans l'expérience précédente

dente il étoit question de Mouches enfermées dans un poudrier, de Mouches tranquilles, & en très-petit nombre. Mais celles qui sortent des Ruches dans les premiers beaux jours, sortent d'un lieu déja très-échauffé, elles conservent par le travail, & le mouvement, la chaleur acquise. Un air qui seroit trop froid pour elles, si elles restoient sans action & isolées, devient supportable lorsqu'elles s'agitent. Nous sommes dans le même cas, lorsqu'en hyver nous conservons par un marcher prompt & vif, la chaleur que nous nous sommes procurée devant un bon feu.

Clarice. Cela se comprend. Quelle posture tiennent-elles dans leur Ruche, lorsqu'il géle, & qu'elles sentent venir leur engourdissement? vont-elles se cacher dans les alvéoles? restent-elles entre les gâteaux?

EUGENE. C'est ce que vous pourrez voir vous-même aisément & sans crainte, l'hyver prochain. Vous choisirez un jour qu'il gélera, vous ferez coucher une de vos Ruches sur le côté, vous pourrez même la renverser hardiment sens-dessus-dessous : vous verrez alors vos Abeilles entre les gâteaux, entassées, & très-pressées les unes contre les autres ; elles tiendront peu de place, & celle qu'elles occuperont, sera vers la partie inférieure de la Ruche, ou au plus vers le milieu de la hauteur. Vous les verrez tellement engourdies, qu'elles vous paroîtront comme mortes ; c'est dans cet état qu'elles passent une grande partie de l'hyver. Je vous dirai à ce sujet qu'une des attentions que l'on doit aux Abeilles, est de visiter leurs Ruches tous les matins, non-seulement pendant l'hyver, mais surtout après les nuits froides du printems. Car fi le degré de chaleur qu'elles fe font procurée, ne peut tenir contre l'excès du froid, elles feront en péril. Pour vous mettre en état de le connoître, il fuffit de fçavoir que le froid les engourdit d'abord, & qu'à mefure qu'il devient plus âpre, il les rend comme mortes; leurs forces diminuent jufqu'au point, que les mufcles de leurs jambes perdent la contraction néceffaire pour les tenir cramponnées les unes aux autres. Il s'en détache des pelotons qui tombent fur le fond de la Ruche; elles y paroiffent alors fans vie, on peut les manier, les prendre à poignée, fans rien craindre de leurs aiguillons. Quand vous les verrez dans cet état, il ne faudra pas pour cela vous allarmer. Si elles n'y font pas depuis trop long-tems, il fera aifé de les tirer du danger qui les menace. En les approchant du feu, on les fait revenir. Cela n'a pas été ignoré des Anciens. Varron & Columelle, deux Ecrivains de la Vie Ruſtique, qui, ſuivant la façon de penſer de leur tems, regardoient cet engourdiſſement comme une véritable mort, enſeignent qu'il n'y a qu'à les mettre ſur les cendres chaudes, pour les reſſuſciter. Je croi que vous ne donnez plus dans ces réſurrections-là, ainſi je ne m'amuſerai pas à vous faire voir l'abſurdité du terme. Paſſons au reméde. Celui de la cendre chaude eſt bon. Celui de les mettre dans des ſéchoirs, ou dans de grands poudriers, & de les approcher d'un feu doux, eſt meilleur. J'ai eu quelquefois des Ruches dont toutes les Abeilles paroiſſoient ſans vie, quoiqu'elles fuſſent reſtées entre les gâteaux. Alors pour les ranimer, ſans cauſer aucun dérangement, j'ai fait entrer ſous la Ruche un petit pot de terre, qui contenoit un peu de braise, couverte de beaucoup de cendre chaude. Cet expédient est le plus simple & le plus facile ; mais, comme je vous l'ai déja dit, il ne faut pas trop tarder à les tirer de ces grands engourdissemens. Si on les y laissoit pendant plusieurs jours, ce seroit sans succès qu'on auroit recours au reméde.

Clarice. Vous venez de me dire les choses du monde les plus curieuses ; mais je ne vois point dans tout cela, comment je pourrai trouver ce degré de froid nécessaire à mes Abeilles pour les tenir engourdies, ni plus ni moins qu'il ne faut. C'est-là cependant ce que j'ai impatience de sçavoir.

Eugene. Je devois vous donner auparavant une idée complette de la Théorie, sur laquelle est fondée la pratique que je veux vous apprendre. Le degré de froid nécessaire aux Abeilles pendant l'hyver, n'eſt pas un point fixe & facile à trouver. La diſpoſition du lieu où on les tient pendant cette ſaiſon, ſa ſituation, le nombre des Mouches dont les Ruches ſont compoſées, concourent à exiger différens degrés de froid. Une Ruche bien peuplée ſe ſoutiendra dans un lieu dont l'air ſera aſſez froid pour en faire périr une moins peuplée ; celle-ci ſera jettée dans cet engourdiſſement utile, par un même dégré de froid, qui ſeroit un degré de chaud pour la premiére. Pendant que l'une conſommera ſes vivres, l'autre ſera prête à expirer. Si nous voulions nous jetter dans une préciſion, telle qu'il la faudroit pour conſerver juſqu'à la derniére de nos Abeilles contre les rigueurs de l'hyver & de la faim, il faudroit y employer des moyens, qui ſont peut-être impraticables, ou du moins dont les gens de la campagne ne ſeroient pas capables, & qui demanderoient des frais & du tems, que le profit des Ruches ne payeroit pas. Des moyens généraux, faciles à exécuter, tendans au plus grand bien possible, sont ceux auxquels nous devons nous fixer. Ce sont ceux-là dont je vais vous entretenir. Il est certain que si au lieu de laisser les Ruches pendant l'hyver dans les Jardins, exposées à toute la rigueur du froid, on les transportoit dans des lieux couverts & fermés, elles n'y seroient pas autant en danger de périr, comme elles le sont en plein air. Il y a une pratique très-ancienne, & en usage en beaucoup de pays, c'est de boucher toutes les ouvertures des Ruches vers le commencement de Novembre, & de les transporter ensuite dans une serre, dans un cellier, ou dans quelqu'autre endroit équivalent. Mais cette pratique n'est pas à beaucoup près suffisante, elle laisse subsister encore bien des inconvéniens. Les Ruches fortes & bien peuplées, s'y soutiendront contre les plus grands froids, mais ces plus grands froids feroient périr les foibles. Car nous ne pouvons pas composer nos Ruches d'un nombre égal de Mouches, nous ne pouvons pas même arriver à un à-peu-près; nous aurons toujours des Ruches qui pourront passer pour foibles, relativement aux grands froids. Enfin, cette maniére de fermer les Ruches de toutes parts, d'en boucher les portes de crainte que le froid n'y entre, cause aux Mouches des maladies considérables. L'air trop renfermé s'y corrompt de jour en jour, il est infecté de l'odeur des Abeilles; leur transpiration le rend excessivement humide, & l'air humide les tue, & les pourrit dans la Ruche même. C'est ce qui fait que malgré les risques que l'on fait courir aux Ruches que l'on laisse pendant tout l'hyver en plein air, plusieurs croient que le meilleur parti est de les y laisser.

Clarice. Il me semble qu'il seroit bien aisé de trouver un milieu qui remédieroit à tous ces inconvéniens. Je laisserois mes Ruches fortes dans mon jardin, & je ferois porter dans ma serre toutes les foibles.

Eugene. Votre pensée est bonne: je ne la mettrai assurément pas en paralléle avec une autre très-frivole, que nous ont enseignée quelques Anciens, qui est de mettre dans les Ruches des carcasses d'oiseaux desséchées; ils prétendent que cela les garantit du froid. Comme je ne croi pas que vous vouliez perdre votre tems à répéter cette expérience, je ne m'arrêterai qu'à ce partage de Ruches que vous proposez. Ce seroit le plus expéditif pour ceux qui n'y veulent pas beaucoup de façon, mais non pas le plus salutaire à beaucoup près pour nos Mouches. Si vous rappellez la difficulté qu'il y a de garantir les Mouches du froid, vous jugerez que vos serres ne seront pas suffisantes pour en garantir les Ruches foibles. Quelque bien closes qu'elles soient, le froid rigoureux y percera. Pour les rendre propres à ce que nous nous proposons, il faudroit y entretenir du feu tout l'hyver, comme on fait dans celles où l'on éléve des plantes étrangères; mais c'est une dépense & un soin qui seroient trop à charge aux gens de la campagne, & qu'il faut leur éviter. J'ai imaginé pour cela un expédient que j'ai répété plusieurs fois, & qui m'a fort bien réussi. Pour n'être point trompé dans mes expériences, je les ai faites sur des Ruches de toutes espéces ; il y en avoit de très-foibles qui n'avoient qu'une poignée d'Abeilles. Je m'étois proposé de réunir les trois objets que doit avoir en vûe tout homme qui veut conserver ses Ruches. Le premier, de mettre mes Abeilles à l'abri des plus grands froids. Le second de ne point boucher la porte de leurs Ruches, afin qu'elles eussent la liberté de sortir dans les beaux jours, & que l'air pût s'y renouveller. Le troisiéme, de leur faire trouver leur nourriture dans la Ruche même, afin qu'elles ne fussent point forcées à l'aller chercher dehors, & à s'exposer à des coups de froid, qui les feroient périr. La maniére de parvenir à cela, est des plus simples, & telle qu'il la faut à des paysans, qui, communément, ne manquent pas des ustensiles dont je me suis servi. J'ai donc pris un vieux tonneau défoncé par en haut, je l'ai mis debout, j'ai jetté au fond de mon tonneau une couche de terre séche & bien pressée, de quatre à cinq pouces d'épaisseur ; j'ai posé des planches sur cette couche, j'ai posé ma Ruche sur ce plancher ; puis j'ai rempli tout ce qui restoit de vuide entre les parois du tonneau & la Ruche, avec de la terre pareillement desséchée, & pressée, j'en ai mis jusqu'à ce que mon tonneau fût comble. Vous concevez qu'au moyen d'une pareille robe, qui n'est ni chére ni difficile à tailler, mes Mouches étoient bien à l'abri des rigueurs de l'hyver.

Clarice. Je l'imagine facilement, & même je conçois que vous les avez étouffées : c'est le vrai secret pour les empêcher de mourir de froid.

Eugene. Vous ne faites pas honneur à mon industrie. Je m'en vais vous faire voir que j'ai sçu leur ménager une porte toujours ouverte pour le paſſage de l'air, & des vivres, pour les tems où elles ne feront pas engourdies. Car enſevelies ſous la terre comme je viens de vous le dire, elles auront plus ſouvent chaud que froid, & par conſéquent de fréquens beſoins de prendre des alimens. Premiérement, avant que de les enfermer dans le tonneau, j'ai mis ſur le plancher de la Ruche, une terrine pleine de miel, & ſur ce miel une feuille de papier piquée de petits trous, afin que les Mouches puſſent aller puiſer le miel ſans s'en empâter. Voilà pour les garantir de la famine. Pour vous faire comprendre à préſent comment je leur ai fourni de l'air, il faut vous repréſenter que mon tonneau avoit un trou vers le bas, & préciſément à la hauteur, & vis-à-vis la porte de la Ruche. Avant que d'environner ma Ruche de terre, j'avois pris la précaution d'introduire par ce trou un canal de bois assez long, pour sortir de quelques pouces en dehors du tonneau, & aller par-dedans jusqu'à la porte de la Ruche. Par ce canal ou galerie, elles avoient la liberté d'entrer & de sortir, & leur air se renouvelloit continuellement.

Clarice. Voilà une façon de conserver les Ruches qui me paroît très-bien inventée, & d'une facile exécution. Cependant pour tel homme qui auroit cent ou deux cens Ruches, ce seroit une véritable affaire d'avoir autant de tonneaux.

Eugene. Vous êtes bien difficile ! Les vieux tonneaux ne sont pas marchandise si chére. Enfin pour vous contenter, rendons la chose encore plus aisée. S'il vous arrive quelque jour d'avoir un grand nombre de Ruches, & un petit nombre de vieux tonneaux, vous garderez vos futailles pour tel usage qu'il vous plaira, & à leur place vous vous servirez de longues planches; ou, pour aller encore plus à l'œconomie, car je m'apperçois que c'est ce que vous cherchez, vous aurez des claies dont les mailles seront étroites; elles seront un peu plus hautes que les Ruches; vous les rangerez en forme de cloison, sur une longueur proportionnée à la quantité de vos Ruches; il ne faudra que des piquets pour les soutenir. Vous laisserez entre les deux rangs de claies, ou de planches, une distance un peu plus grande que le diamétre des Ruches. Vous y ferez un plancher pareil à celui du tonneau, & vous mettrez sur ce plancher toutes vos Ruches les unes auprès des autres, ayant chacune sa terrine de miel, & son canal de communication, qui ira de la porte de la Ruche au-dehors de la cloison : puis vous remplirez de terre bien desséchée, tout le vuide qui restera entre les cloisons, jusqu'à la hauteur des Ruches. Par ce moyen les plus grands froids ne seront plus pour elles que des froids médiocres, qui les jetteront dans ce doux engourdissement qui leur est salutaire. Les froids médiocres deviendront dans leurs Ruches un tems chaud qui les invitera à prendre des alimens; & la provision de miel que vous aurez eu soin de leur fournir, suppléera au miel de leurs magasins, qui sera bientôt consommé. L'ouverture que je laisse aux Ruches, leur permettra de profiter des beaux jours, de prendre de tems en tems l'essor; ce qui contribuera beaucoup à leur santé, & à les défendre contre les maladies ausquelles elles sont exposées, quand elles demeurent trop

trop long-tems renfermées. Vous ferez dispensée vous-même de ces fréquentes visites que je vous ai dit qu'il falloit leur rendre pendant l'hyver, pour voir si leur engourdissement n'étoit point de ceux qui ménent à la mort. Enfin, vous pourrez encore par ce moyen les défendre aisément contre un ennemi très à craindre dans cette saison. C'est le Mulot, cet ennemi d'hyver dont j'ai promis de vous parler aujourd'hui. Quand cet animal, qui est une espéce de souris de campagne, a trouvé l'entrée d'une Ruche, il y fait de cruels ravages. Il ne seroit pas assez hardi de les attaquer dans une autre saison, il sçait trop ce qu'il lui en couteroit; il attend que les Abeilles soient engourdies de froid; il entre alors dans la Ruche, & en dévore les habitans qui sont hors d'état de se défendre. J'ai vû des Ruches très-peuplées qui en ont été entiérement détruites en une seule nuit. La façon dont il les mange, mérite d'être observée. C'est ordinairement le ventre & les entrailles des animaux qui excitent la voracité de ceux qui en font leur pâture ; & c'est précisément ces mêmes parties dont le mulot ne fait aucun cas, il leur préfère la tête & la poitrine, quoique ces parties soient plus séches, & beaucoup plus écailleuses.

CLARICE. La singularité de son goût me touche moins, que l'envie de sçavoir comment je pourrai l'éloigner de mes Abeilles.

EUGENE. L'usage commun est de tendre des souriciéres, ou des quatre-de-chifres auprès des Ruches. Mais ces instrumens ne les détruisent pas tous, il s'en trouve toujours qui évitent le piége. Il est plus court d'empêcher qu'aucun ne puisse arriver jusqu'aux Abeilles : c'est ce que feront nos tonneaux ou nos cloisons, si vous mettez de petites plaques de fer blanc autour des trous destinés à leur servir de portes, comme on en met aux fenêtres des colombiers, pour empêcher la Fouine d'y grimper.

CLARICE. Je vous donne ma parole que mes Ruches passeront cet hyver bien enterrées entre deux cloisons de claies. Quelque chose qu'en dise mon Jardinier, quelque respectueux qu'il soit pour les vieux usages, il n'en sera pas cru, & dussai-je les enterrer moi-même, elles le seront.

EUGENE. Vous ferez fort bien. La meilleure maniére d'enseigner les gens de campagne, est de leur montrer l'exemple. Ils sont communément très-bouchés pour les choses de raisonnement, & très-habiles à imiter ce qui rapporte du profit.

Clarice. Je les mettrai à même de l'imitation. Mais avant que de l'entreprendre, j'ai besoin de quelques éclaircissemens. Est-il absolument nécessaire que la terre dont j'environnerai mes Ruches, & dont je ferai le plancher qui les portera, soit séche ?

Eugene. Cela est indispensable. En voici la raison. La matiére de la transpiration que rendent les Abeilles, innonderoit leur Ruche ; elle y formeroit un épais nuage qui les incommoderoit beaucoup, en les tenant continuellement comme noyées ; leur porte ne seroit pas suffisante pour donner un libre passage à cette vapeur. Mais si la terre dont vous vous servirez, est séche, elle boira cette humidité, comme feroit une éponge ; & la chaleur des Abeilles la poussant du dedans au dehors au travers des terres, la fera évaporer.

CLARICE. Je comprends cela parfaitement. Comment faut-il faire pour empêcher les Abeilles de sortir prématurément, lorsque l'ennui de l'hyver, & d'une longue prison, les engagera à s'exposer au grand air, imprudemment & plûtôt qu'il ne faut? Comment pourrai-je connoître que l'heure de leur sortie n'est pas venue?

EUGENE. Je vous ai déja prévenu que cela regarde sur-tout les premiers jours du printems, lorsque des gelées subites succédent inopinément à des tems doux, lorsque les Abeilles sont trompées par une aurore brillante, qui semble les inviter dès le matin à venir jouir d'un zéphire aimable, au lieu duquel elles ne trouvent qu'un vent de Nord qui les glace. C'est à nous qui sommes au-dehors, & qui pouvons connoître facilement ce qui s'y passe, à les retenir, ou à les laisser aller à propos, suivant les degrès de froid, & de chaud qu'il fait alors. Nous n'avons pas ordinairement besoin d'autre secours que de celui de nos sens, pour en être instruits, mais nos sens ne nous rendent qu'un à-peu-près souvent peu fidéle. Les Abeilles ont cette sensation infiniment plus délicate que nous. Si vous voulez quelque chose de précis, servez-vous des Thermométres nouveaux, ils feront d'un merveilleux usage pour cela. Vous sçavez, puisque vous en avez un que vous consultez tous les jours comme un oracle, que cet instrument a un sentiment exquis du chaud & du froid ; qu'il indique avec une précision admirable quel est l'état de l'air au moment que l'on le veut connoître. Mettez un de ces Thermométres dans votre Ruche, il vous apprendra tous les matins si vos Abeilles peuvent, sans risque, s'exposer ou non, à sortir de leur demeure. Lorsque le Thermométre marquera le degré de la congélation, vous vous garderez bien de les laisser courir aux champs. Lorsqu'il marquera la température des caves, c'est alors que vous pourrez commencer à leur ouvrir les portes. Je ne vous ai pas encore dit comment on peut donner des portes aux Ruches, sans intercepter le passage de l'air. Il n'y a qu'à mettre à l'entrée du canal de chaque Ruche, un petit grillage de fil de fer, dont les mailles seront assez étroites pour empêcher les Abeilles d'y passer. Si ce petit grillage est suspendu de façon qu'il puisse se fermer & s'ouvrir comme une fenêtre, il vous sera facile, dans la visite que vous rendrez à vos Ruches tous les matins pendant cette saison douteuse, de régler la sortie des Abeilles, sur ce que votre Thermométre vous dira.

CLARICE. Cela eſt très-bien imaginé. Combien faut-il de miel pour nourrir une Ruche pendant un hyver ?

EUGENE. C'eſt ſuivant la force de la Ruche. Une livre ſuffit pour la plus peuplée. Vous ne ſçauriez manquer en en mettant plûtôt plus que moins.

CLARICE. Je pourrois vous faire encore une queſtion, mais je vous l'épargnerai, ayant aſſez bonne opinion de moi-même pour croire que j'y puis répondre. Toutes ces Ruches enterrées entre deux cloiſons, ou dans des tonneaux au milieu de mon jardin, ſeroient expoſées à la pluie, à la neige, qui mouilleroient & détremperoient la terre, l'eau paſſeroit au travers, & iroit noyer mes Abeilles ; mais je leur ferai faire un petit toit de chaume, pareil à ceux dont mes payſans couvrent leurs étables. Je penſe que cela ſera ſuffiſant.   EUGENE.

Eugene. Il ne faudra pas autre chose, pourvû que ce toit déborde de quelques pouces, afin que l'eau de pluie soit rejettée loin d'elles. Vous conviendrez que je vous ai fourni, & à tous ceux qui voudront l'exécuter, un moyen de conserver vos Ruches à peu de frais pendant l'hyver, & au commencement du printems. C'est-là l'essentiel pour leur multiplication. C'est avoir sauvé plus de la moitié, & peut-être les deux tiers de vos Abeilles. Le premier soin de tout sage gouvernement, c'est de veiller à la vie & à la santé des Citoyens. Nous verrons la premiére fois les attentions que les Abeilles exigent dans les autres saisons de l'année.

XVIII. ENTRETIEN.

Des moyens d'augmenter considérablement le commerce de la Cire. Du produit des Ruches. Des voyages que l'on fait faire aux Abeilles.

CLARICE. PUisque nous approchons de la fin de nos entretiens sur les Abeilles, ne me laissez ignorer, Eugene, aucune des choses qui peuvent contribuer à perfectionner un art que je prétends rendre une des colomnes de l'Etat, & le salut d'un grand nombre de ses habitans.

EUGENE. Ce projet est digne de vous, Clarice; il ne peut partir que d'un cœur généreux, & d'un esprit éclairé. En échange des lumiéres que je vous ai données sur les Abeilles, apprenez-moi comment vous prétendez en tirer de si précieux avantages.

CLARICE. Je veux charger les seules Abeilles d'une partie des impositions publiques que l'Etat tire de nos campagnes. Ce seront elles, si j'en suis crue, qui dorésnavant payeront une grande partie des Tailles. Cette idée, qui sans doute, vous surprend, m'est venue en faisant attention à la quantité prodigieuse de cire que l'on consomme dans le Royaume, au prix qu'elle coûte, à l'argent que l'on transporte pour en faire venir des pays étrangers, à l'avantage qu'il y auroit de la rendre aussi commune que la graisse des animaux, dont on se sert pour nous éclairer. En repassant toutes ces choses dans mon esprit, je crois avoir trouvé un moyen facile de procurer à ma patrie un bien considérable dans cette partie de son commerce, tant en multipliant prodigieusement l'espéce qui en fait l'objet, qu'en la rendant une occasion de soulagement pour les peuples, & d'œconomie dans nos ménages.

EUGENE. Voilà un début qui promet de grandes choses.

CLARICE. Il ne tiendra qu'à vous qu'il tienne tout ce qu'il promet. Mon projet n'est fondé que sur les avis que vous m'avez donnés, & sur ceux que vous continuerez de me donner sur la meilleure maniére de conduire les Abeilles. Je prétends engager chacun des habitans de mon village à avoir d'abord deux Ruches. Je ne veux pas qu'aucune famille s'en dispense. Je leur apprendrai ensuite ces moyens ingénieux, dont vous vous êtes servi pour les conserver pendant l'Hyver, & les faire multiplier d'années en années. Je commencerai par leur montrer moi-même l'exemple. En un mot, je veux, qu'avant qu'il soit quatre ou cinq ans, mon village soit renommé pour être la plus belle manufacture de cire de l'Europe; que chacun de mes paysans soit dans l'état où l'on dit que notre bon Roi Henri IV. vouloit mettre tous ceux de son Royaume. Je veux que par le seul secours de leurs Ruches, ils puissent se procurer les douceurs de la vie, & fournir sans peine & sans regret les charges qui leur sont imposées. Je ferai si bien, que leur bonheur excitera l'émulation des voisins; & l'émulation s'étendant de proche-en-proche, tout le Royaume s'en sentira. Je suis trop remplie de mon idée, pour remettre à un autre tems à vous donner le plan de mon petit système. Je ne puis le porter plus loin, il faut que je m'en délivre. Je me souviens que vous m'avez dit qu'une

Ruche rendoit jusqu'à quatre essaims par an. Cela étant, tel qui a deux Ruches cette année, en aura dix l'année prochaine, cinquante l'année suivante, 200. la quatriéme année.

Eugene. N'allez pas si vîte, Clarice. Vous pourriez bien renouveller l'histoire du *Curé Messire Jean Chouart, qui sur son mort comptoit, & la fable du pot au lait.** Premiérement, je ne vous ai pas dit qu'elles rendoient exactement quatre essaims tous les ans, mais seulement que cela arrivoit quelquefois. Secondement, les Ruches qui ont déja donné un ou deux forts essaims, quelques fortes qu'elles soient, deviennent bientôt des Ruches mal-peuplées. Car sans compter les pertes que la mort leur cause continuellement, comme elle en cause parmi tous les êtres vivans, elles en souffrent encore d'autres par le

* Fable de la Font.

mélange des anciennes Abeilles, qui se mêlent toujours avec les essaims. Et s'il sort un troisiéme, un quatriéme essaim, ces derniers sont ordinairement trop foibles. Si l'on veut conserver ces derniers essaims, il faut les marier, c'est-à-dire, en réunir deux ensemble. Lorsqu'une Ruche donne plusieurs essaims dans l'année, celui qui est sorti le premier, est le meilleur de tous; outre qu'il est le plus nombreux, il se met au travail dans une saison plus favorable : ceux qui suivent, vont toujours en diminuant de valeur. Ainsi il y a beaucoup à rabattre de votre calcul.

Clarice. Vous me ruinez. Dites-moi donc au juste sur combien d'essaims je puis compter par an ?

Eugene. Vos Ruches bien conduites, & au moyen de la réunion des foibles essaims, vous pourrez compter sur deux essaims par Ruches, l'une portant l'autre.

CLARICE. Deux bons essaims ? Encore est-ce quelque chose. Si cela est, je persiste dans mon projet. Il sera un peu plus lent que je ne croyois, mais il en arrivera peut-être plus heureusement à sa fin. Je dis donc, que si chaque Ruche donne deux bons essaims par an, celui qui posséde aujourd'hui deux Ruches, en aura six l'année prochaine, dix-huit la suivante, 54. la quatriéme année, 150. & tant la cinquiéme, & ainsi de suite.

EUGENE. Je suis de votre avis, sauf les hazards qui diminueront de tems-en-tems quelque chose de votre compte ; d'autant moins cependant, qu'on apportera plus de vigilance & d'attention à la conservation des Abeilles.

CLARICE. Puisque vous me passez cela, j'ai beaucoup gagné pour la réussite de mon projet. Il y a néanmoins encore une chose que j'ai besoin de sçavoir, & sans laquelle je courrois le risque de la Laitiére. Combien une Ruche bien ménagée peut-elle apporter de profit tous les ans à son Maître ?

Eugene. Ce profit varie extrémement selon les pays; & dans le même pays il ne sçauroit être le même chaque année. Il y a pour les Abeilles des années de stérilité, comme des années d'abondance; d'ailleurs toutes les Ruches n'ayant pas des Reines également fécondes, elles ne sont pas toutes également pourvûes d'ouvriéres; par conséquent il y a bien plus d'ouvrage fait, je veux dire de cire, dans certaines Ruches que dans d'autres. Mais pour vous donner une mesure commune, sur laquelle vous puissiez établir un calcul assuré, je vous dirai sur quoi l'on compte ordinairement dans les endroits du Royaume, où la situation n'est pas des plus favorable pour les Abeilles. Dans ces pays on arbitre la dépouille de chaque Ruche à deux livres de cire, & vingt livres de miel.

Clarice. Je m'en tiens-là. C'est sur cette mesure commune que je vais compter le profit que je prétends faire faire à mes habitans. Vous ne disconviendrez pas que ma terre ne soit extrémement favorable pour les Abeilles. Ces belles prairies qui accompagnent mon parc, ces brillans ruisseaux qui entretiennent la fraîcheur des plantes, mes jardins, mes potagers, mon bois, tout cela fournit une telle abondance de fleurs, que les Abeilles sont ici, comme on dit communément, à bouche que veux-tu. Si elles rendent ailleurs deux livres de cire, elles en doivent rendre ici quatre. Cependant je ne veux établir mon projet que fur le pied du moindre produit, afin que tout le monde y trouve fon compte. Je ne ferai point entrer le miel dans l'état des produits que je médite. Je confens que l'homme de campagne ne s'en ferve que pour la nourriture de fa famille ; ce fera un aliment de plus dans fon ménage, & un furcroît d'abondance qui portera la joie dans un genre de vie ordinairement trop frugal. Je veux, enfin, que ma terre devienne, fuivant les termes de l'Ecriture, *une terre toute dégoutante de lait & de miel*. A l'égard du profit pécuniaire, je ne prétends le tirer que de la vente de la cire que j'eftime dix fols la livre : je crois que je ne vous trompe pas en la mettant à un fi bas prix.

EUGENE. Vous nous faites au contraire un trop bon marché.

Evaluer le profit d'une Ruche à vingt fols, c'eſt mettre votre projet à l'abri de toute chicane ; d'autant qu'il y a bien des pays où l'on en tire un écu, & même quatre francs.

Clarice. Je ne déſire point de ſi grandes richeſſes pour mon village. Comme la pauvreté fait abandonner la culture des terres ; par une raiſon oppoſée, l'abondance qui ne procéderoit d'ailleurs que de ces fruits, la feroit négliger, & nous ſerions les premiers à nous reſſentir d'une généroſité mal placée. A vingt ſols par Ruches, ils n'auront pas de quoi, les pauvres gens, faire les pareſſeux. Néanmoins, dans cinq ans d'ici, chaque famille, qui par ſes ſoins ſera parvenue à avoir 150. Ruches, ſe trouvera plus riche de 150. livres de rente. Si cette petite fortune vous étonne, je veux bien encore la réduire à moitié, à

75. livres, afin de n'avoir de querelle avec perſonne. Les gens à projets cherchent ordinairement à enfler leurs mémoires, & moi à diminuer le mien. Cependant 75. livres font parmi le plus grand nombre de mes habitans, bien plus que le montant de leurs impoſitions. Ils auront outre cela tous les ans encore trois mille livres peſant de miel, tant pour l'entretien de leurs Abeilles pendant l'Hyver, que pour la ſubſiſtance de leur famille pendant toute l'année, & même pour ſubvenir à d'autres beſoins : car quoique cette eſpéce de fruit de la terre ſoit bien moins précieux que la cire, il ne laiſſe pas d'avoir encore une valeur réelle : l'Etat y trouvera une multiplication conſidérable de cire, qui fera néceſſairement baiſſer le prix des bougies, & mon ménage en profitera. Tous ces biens viendront

des feules Abeilles, & voilà mon projet rempli.

Eugene. Je le trouve admirable. Ajoutons-y la réflexion suivante. Un intérêt éloigné fait ordinairement peu d'impreffion fur l'efprit du peuple. L'efpoir d'un bien futur, dont il n'a point d'exemple, ne l'emporte pas dans fon efprit fur la crainte des plus légères fatigues qu'il faut effuyer pour y arriver. Vous aurez bien de la peine à mettre vos gens en train, fi vous ne les excitez par quelqu'avantage préfent, qui leur ferve de caution pour l'avenir. Si vous pouviez, par exemple, obtenir de la Cour, où vous avez du crédit, une diminution de tailles proportionnée au nombre de Ruches, que chaque taillable entretiendroit.

Clarice. Vous avez raifon, ce feroit la voie la plus prompte de les perfuader. Nous pouvons tout espérer de l'attention du ministère pour le bien du commerce. En attendant j'y suppléerai moi-même, & je me charge d'exciter l'émulation. Au surplus, ne sera-ce pas un bien infini pour nos pauvres habitans, d'être délivrés pour toujours des inimitiés d'un Collecteur envieux & vindicatif, & des poursuites d'un impitoyable porteur de contrainte? De pouvoir satisfaire le Collecteur avec quelques livres d'une matiére qu'ils n'auront pas eu la peine de travailler eux-mêmes, qui ne leur coûtera ni argent, ni beaucoup de fatigues à ramasser?

EUGENE. J'entre dans vos vûes, & je veux participer à la bonne œuvre. Je ne vous quitte point que nous n'ayons conduit ensemble cet utile & salutaire projet à sa perfection. Pour y arriver, je continuerai à vous apprendre tous les moyens qui peuvent y contribuer,

buer. Nous avons pourvû, dans notre dernier entretien, à la conservation, & à la nourriture des Abeilles pendant l'Hyver; voyons ce que nous avons à faire pour elles pendant les autres saisons. Le Printems qui n'est pour nous qu'un tems d'espérance, pendant lequel nous consommons encore les fruits amassés de la derniére Automne, est pour les Abeilles la saison des plus abondantes récoltes. La nature répandant alors une chaleur nouvelle, ranime tous les êtres vivans que l'Hyver avoit engourdis. Le Zéphire purifie l'air. Flore ouvre ses trésors. Les Bergers & les Abeilles se disputent les fleurs : & ce n'est qu'après que nos petites ouvriéres en ont dérobé les premiéres faveurs, qu'Amour les cueille pour en orner le sein de nos Bergères.

CLARICE. Je crois que vous faites une églogue.

Eugene. De bonne foi vous me tirez d'un délire poëtique où j'allois me perdre. Je voulois vous dire tout uniment, que le Printems & l'Eté font deux faisons où les Abeilles peuvent aisément se passer de nous. Elles sçavent trouver tout ce qui leur faut. Miel, propolis, cire brute, rien ne leur manque alors. Il ne nous reste d'autres soins que d'avoir attention que l'eau ne tarisse point pour elles. Je n'estime pas que le voisinage des riviéres, des grands courans d'eau, celui des bassins dont les bords font élevés, celui des jets-d'eau, leur soit avantageux. Nos Mouches sont trop exposées à s'y noyer. Les vents, les orages les y précipitent : outre qu'il leur est difficile de se tenir ferme sur des rives, dont les unes sont trop escarpées, & les autres trop battues des flots. J'aime mieux qu'on laisse vis-à-vis le Rucher, de l'eau sur des assiettes, qui n'étant pas pleines, laisseront un talus, sur lequel la Mouche pourra se tenir commodément, & à pied sec en se désaltérant. C'est-là, comme je viens de vous le dire, la seule attention que les Abeilles exigent de nous pour leur nourriture pendant les deux premiéres saisons ; mais sur la fin, & quelquefois dès le milieu de l'Eté, il se faut comporter différemment dans différens pays. L'abondance des prairies, les ombrages frais de celui-ci conduiront vos Abeilles jusqu'à l'Hyver ; cependant tous les pays ne sont pas favorisés de la nature comme le vôtre. Les grandes & riches plaines de la Beauce, du Soissonnois, de l'Isle de France, qui sont si fertiles en bleds, ne sont fertiles que pour nous ; elles sont pour les Abeilles des terres ingrates, & de peu de ressource. On n'y peut pas nourrir un si grand nombre d'Abeilles qu'on feroit ailleurs. On a coûtume dans les pays dont je viens de vous parler, aussi-tôt après la récolte, d'arracher des champs tout le chaume, & en même-tems les herbes qui s'y trouvent; de sorte qu'après les foins coupés, & au moins dès que les bleds sont murs, tout est aride dans ces campagnes. Lors d'un Eté sec, les Abeilles ont beau parcourir les champs, elles n'y trouvent point, ou si peu de fleurs, qu'à peine celles que la fortune favorise le plus, parviennent à ramasser quelques pelotes de cire brute, à peine trouvent-elles de quoi se nourrir hors de leurs Ruches. Quelle différence alors entre la situation de ces Abeilles, & celle des vôtres. Ce n'est donc pas assez pour ceux qui seront épris d'un grand désir de faire multiplier leurs Ruches, de le tenter;

il faut prendre garde si les lieux que l'on habite, y sont propres; proportionner le nombre des habitans à la quantité de nourriture que ces endroits peuvent fournir; ne pas entreprendre d'entretenir cent Ruches, où l'on n'en peut nourrir que dix.

Clarice. Il me paroît que tout ce détail tourne encore à la diminution de mon projet.

Eugene. Cela est vrai; mais il tourne aussi à sa sûreté, en empêchant que personne n'en abuse, en marquant les bornes ausquelles on doit s'arrêter. Quand il ne vous resteroit que la moitié des pauvres gens de la campagne à soulager, l'entreprise seroit encore bien digne de vous, & je vous crois assez raisonnable pour vous en contenter. Il y a dans le Royaume tout au moins autant de ces terres, long-tems fraîches, & verdoyantes, qu'il y en a qui deviennent promptement féches & arides pour les Abeilles : de celles-ci, il en est plusieurs au défaut desquelles on peut suppléer. Ce défaut vient de ce que les unes fleurissent trop-tard, les autres finissent trop-tôt de fleurir : ce qui laisse un tems notable pendant lequel les Abeilles seroient privées d'aliment. On a trouvé dans quelques endroits le secret de les envoyer vivre ailleurs, sans pour cela les perdre de vûe. Je vous dirai comment cela se fait, en vous contant un trait singulier, que je lisois ces derniers jours dans la curieuse description de l'Egypte, par M. Maillet. Vous connoissez ces fameuses inondations du Nil, qui se répandent réguliérement tous les ans sur les sables secs & brûlans de l'Egypte, où déposant un limon précieux, en font un des plus beaux & des plus abondans pays du monde.

Si l'indolence des peuples qui habitent cette heureuse contrée, si le mélange d'une infinité de Nations, ignorantes & toutes ennemies les unes des autres, si l'avarice des Conquérans ne s'opposoient pas continuellement aux avantages de la nature, ce seroit un pays préférable, à mon goût, à tous ceux que nous connoissons. Malgré la Barbarie qui s'en est mise en possession, il y reste encore quelques vestiges de l'industrie des anciens Egyptiens. Une des plus admirables est celle, par le moyen de laquelle ils envoient tous les ans leurs Abeilles dans des pays éloignés chercher leur nourriture, & cela dans un tems où elles n'en pourroient pas trouver chez-eux, pour les ramener ensuite comme des troupeaux paissans le long des chemins. Les habitans de la Basse-Egypte observérent autrefois, que toutes choses parvenoient plûtôt à leur maturité dans la Haute-Egypte que dans la Basse, ce qui faisoit une différence de plus de six semaines d'un pays à l'autre. Ils songérent à mettre leurs Abeilles à portée de profiter de cet intervalle de tems, de leur faire trouver de la nourriture six semaines plûtôt qu'elles n'en auroient trouvé dans le lieu de leur naissance. La maniére dont ils s'y prirent, est la même dont on se sert encore aujourd'hui. Vers la fin d'Octobre, tous les habitans de la Basse-Egypte qui ont des Ruches, les embarquent sur le Nil, & leur font remonter le fleuve jusques dans la Haute-Egypte, pour y être arrivées au tems où l'inondation s'étant retirée, les terres sont ensemencées, & commencent à pousser des fleurs. « Les » Ruches parvenues à cette ex- » trémité de l'Egypte, y sont en- » tassées en pyramides sur des bateaux

» teaux préparés pour les recevoir,
» après avoir été toutes numéro-
» tées par les particuliers qui les
» y déposent. Là, les Mouches
» à miel paissent dans les campa-
» gnes pendant quelques jours.
» Ensuite lorsqu'on juge qu'elles
» ont à peu-près moissonné le
» miel & la cire qui se trouvent
» dans les environs de deux ou
» trois lieues à la ronde, on fait
» descendre les bateaux qui les
» portent deux ou trois lieues plus
» bas, & on les y laisse de même
» à proportion autant de tems qu'il
» est nécessaire pour moissonner
» les richesses de ce canton. » A
mesure qu'elles se rapprochent
ainsi du lieu de leur demeure, la
terre avance aussi dans ses produc-
tions, & les plantes fleurissent à
mesure. Ensorte qu'on peut dire
alors des Abeilles, avec un peu
plus de vérité, qu'on ne le dit de
nos Belles, que les fleurs naissent

fous leurs pas. « Enfin, vers le commencement de Février, après avoir parcouru toute la longueur de l'Egypte, en moiſſonnant tout ce riche & délicieux rivage, elles arrivent à l'embouchure du fleuve vers la Mer, d'où l'on repart pour les conduire chacune dans leur domicile ordinaire. Car on a ſoin de marquer exactement ſur un Regiſtre, chaque quartier d'où partent les Ruches au commencement de la ſaiſon, leur nombre, & les noms des particuliers qui les envoient, auſſi-bien que les numéro des bateaux où elles ont été arrangées relativement à leur habitation. * »

* Deſcrip. de l'Egypt. tom. 2. p. 24.

CLARICE. Ce doit être un ſpectacle bien ſingulier pour un voyageur, que de voir des flottes d'Abeilles voguant pompeuſement ſur ce beau fleuve. La flotte de

Cléopâtre allant au-devant d'Antoine, fut plus galante, mais elle ne fit pas autant d'honneur à l'esprit des Egyptiens. Cependant je sçai qu'ils font quelque chose de plus ingénieux encore, si ce que j'ai lû dans *le Spectacle de la Nature* est vrai *. Il y est dit, que ce peuple avoit sçû donner de l'éducation aux Abeilles, & une éducation dont peu d'animaux sont capables. Qu'elles avoient des Bergers qui les menoient paître à la campagne, comme on y méne les troupeaux de moutons ; que les Abeilles, plus dociles que ces derniers animaux, étoient déterminées par un seul coup de sifflet à sortir de leurs Ruches, à y rentrer, à passer d'une prairie à une autre, à se rendre au bord d'un ruisseau, à suivre leur Gouverneur de village-en-village, partout où il le jugeoit à propos.

* T. 3. P. 37.

Eugene. J'ai lû, comme vous,

ce récit, ou plûtôt ce petit Roman, & je me souviens que l'Auteur apporte en preuve de ce qu'il avance, un passage du Prophéte Isaïe, & un autre de S. Cyrille. Malgré des autorités si respectables, je crois qu'on peut douter du fait, & réduire l'usage de ce coup de sifflet, à celui de commander la manœuvre des barques ; que ce coup de sifflet regardoit les mariniers, plus que les Abeilles.

CLARICE. Mais cependant, Eugene, si Isaïe dit positivement ce que lui fait dire l'Auteur du *Spectacle de la Nature*, il me paroît difficile de n'y pas ajoûter foi. Songez-vous que c'est l'Ecriture-sainte qui a parlé ?

EUGENE. Je ne suis pas moins pénétré de respect pour ce Divin Livre, que l'étoit S. Jérôme, & je vous répondrai avec lui, Qu'il y a bien des choses dans l'Ecriture, qui sont dites conformément à l'opinion qui avoit cours alors, & non à la plus exacte vérité. * Le Texte sacré s'exprime quelquefois, plûtôt selon l'opinion du vulgaire, que selon l'exactitude Physique, parce que les sciences humaines importent peu à la science du salut & à la sanctification, qui est l'unique fin que Dieu s'est proposée, en nous donnant les Livres Saints. Les Abeilles de nos jours ne seroient point capables d'une pareille éducation, & il est plus que vraisemblable que celles des tems passés n'étoient pas plus dociles à l'instruction, que celles d'aujourd'hui. Reprenons notre sujet. L'Egypte n'est pas le seul pays qui nous fasse voir des Abeilles voyageuses. Alexandre de Montfort dit, que les Italiens voisins du Pô, ont un soin de leurs Abeilles pareil à celui qu'en ont

* *Juxta opinionem illius temporis, & non juxta quid rei veritas continebat.* S. Hieron. in c. 28.

les Egyptiens ; qu'ils rempliſſent de Ruches des barques qu'ils conduiſent au voiſinage des montagnes de Piémont ; qu'à meſure que le produit des récoltes des Mouches augmente, les barques qui deviennent plus chargées, s'enfoncent davantage dans l'eau, & que c'eſt à cela que les bateliers jugent quand leurs barques ſont aſſez chargées, & qu'il eſt tems de les ramener d'où elles ſont parties.

CLARICE. Vous m'apprenez combien il eſt avantageux d'être voiſin d'une grande riviére, lorſque l'on habite des campagnes qui ne ſont pas abondantes en fleurs, ou qui ne ſuffiſent pas pour l'entretien des Abeilles pendant toutes les ſaiſons. Je conçois qu'en mettant bout-à-bout, par le moyen d'une petite navigation, le printems d'un pays ſec, avec l'automne d'un pays gras &

ombragé, on peut donner à ses Abeilles une année complette de nourriture ; mais il faut donc pour cela être voisin d'une riviére navigable, sans quoi rien à faire ? Or, il est bien des pays qui n'ont pas cet avantage.

Eugene. On y supplée par des voitures. Columelle nous apprend que les Grecs ne manquoient pas chaque année de transporter les Abeilles, de l'Achaïe dans l'Attique, parce que dans le tems où les fleurs de l'Achaïe étoient passées, celles de l'Attique commençoient à s'épanouir. Montfort dit qu'on en usoit de même dans le pays de Julliers, que dans un certain tems de l'année on transportoit les Abeilles au pied des montagnes chargées de Thim & de Serpolet. Je vous cite à la vérité des tems éloignés, & des pays étrangers ; mais comme on est communément disposé à rabattre toujours quelque chose de ces sortes de relations, il faut vous donner un exemple qui se passe au milieu de nous, au centre du Royaume, & dont il ne tiendra qu'à vous d'être témoin. Un de ces hommes faits pour perfectionner les Arts, & dont le nom mérite de passer à la postérité, M. Proutaut, fait voyager ses Abeilles, comme faisoient les Grecs de l'Achaïe. Cet ingénieux Artiste a établi une blanchisserie de cire à Yévre-la-ville, près de Pétiviers, Diocèse d'Orleans. Là il entretient un grand nombre de Ruches. Ce pays est de ceux où les fleurs deviennent rares de bonne heure, où l'on n'en voit presque plus après la maturité des grains. Alors il les envoie dans la Beauce, ou dans le Gâtinois, si la saison a été pluvieuse dans ces cantons-là. C'est un voyage de six à sept lieues qu'il leur fait faire.

Mais lorſqu'il juge que lēs Abeilles ne trouveroient dans l'un ni dans l'autre de ces pays de quoi s'occuper utilement, il les fait conduire en Sologne vers le commencement d'Août; il ſçait qu'elles y trouveront quantité de champs de Bled-Sarazin fleuri, & qui le ſera juſque vers la fin de Septembre.

Clarice. Je juge facilement que l'on peut tranſporter au loin des Ruches dans des bateaux. Cette voiture eſt douce, paiſible, & ne peut guères incommoder les Abeilles. Mais pour les faire voyager par terre, je penſe qu'il doit ſe rencontrer bien des difficultés. De quels moyens ſe ſert votre induſtrieux Artiſte ? Je n'imagine pas qu'il leur faſſe la galanterie de les mener en caroſſe ou en litiére.

Eugene. Les Hiſtoriens anciens ne lui ayant point appris la maniére dont les Grecs ſe ſervoient pour faire ce tranſport, voici celle qu'il a imaginée, & qu'il met en usage avec succès. La première précaution est d'examiner les Ruches qui ont des gâteaux qui pourroient être brisés & détachés par les cahots de la voiture ; on les assujettit les uns contre les autres, & contre les parois de la Ruche, par le moyen de petits bâtons qu'on peut mettre de différentes maniéres, qu'il est aisé de concevoir. Cela fait, on pose chaque Ruche sur une serpilliére, ou grosse toile très-claire ; on reléve les bords de cette toile, que l'on applique sur l'extérieur de chaque Ruche, & que l'on retient par le moyen d'une petite ficelle qui fait plusieurs tours. On arrange ensuite sur une charette, à ce destinée, la quantité des Ruches qu'elle peut contenir. On les pose deux à deux de front dans toute la longueur dela charette. Sur celles-ci on en met d'autres, qui font comme un second lit de Ruches. On observe de les poser le haut embas; c'est par égard pour les gâteaux, & pour leur procurer plus de stabilité, que l'on renverse ainsi les Ruches, car on pose dans leur sens ordinaire celles qui n'en ont point, ou qui n'en ont que de très-petits. On prend garde en faisant cet arrangement, qu'une Ruche ne bouche pas l'autre; car il est essentiel qu'elles aient de l'air, & c'est pour cela que l'on ne les enveloppe que d'une grosse toile très-claire, afin que l'air puisse entrer librement, & tempérer l'extrême chaleur que ces animaux excitent dans leurs Ruches, sur-tout lorsqu'ils se donnent de grands mouvemens, comme il leur arrive fréquemment dans ces voitures. Les charettes dont on se sert à Yévre, contiennent depuis trente jusqu'à quarante-huit Ruches. Quand tout est arrangé comme je viens de vous le dire, on se met en voyage. Lorsque le tems est chaud, on ne marche que la nuit. Si les journées sont fraîches, on en profite pour avancer chemin. Vous concevez bien qu'on ne court pas la poste, on ne doit pas même faire trotter les chevaux ; on ne leur souffre qu'un pas grave & posé, & on les conduit par les chemins les plus unis qu'il est possible. S'il y a des Ruches vuides de gâteaux, ou qui n'en aient pas suffisamment pour nourrir les Abeilles pendant une route qui doit durer plus d'un jour, on les fait séjourner où elles se trouvent. On ôte ces Ruches de dessus la charette, on les pose à terre, & après avoir abbattu la serpilliére, on ménage au bas de chaque Ruche une ouverture, par laquelle les Mouches sortent pour aller prendre leurs repas à la campagne. Le premier champ qui se rencontre, est une auberge pour elles. Le soir, quand elles sont toutes rentrées, on referme les Ruches, & on les remet dans la charette, pour leur faire continuer le voyage. Lorsque la caravanne est arrivée au terme, on distribue les paniers dans les jardins, ou dans les champs qui sont auprès des maisons de différens paysans, qui, pour une très-modique récompense, se chargent de veiller à ce qui leur est nécessaire. C'est ainsi que dans des pays médiocrement abondans en fleurs, on trouve le moyen de subvenir aux besoins des Abeilles pendant toute une année. Le vôtre peut se passer de ces secours, c'est pourquoi reprenons la suite des précautions qui sont nécessaires en tout pays pour la prospérité des Abeilles, & de leur travail. Mais je m'apperçois qu'il y a assez long-tems que je vous occupe. Il me reste cependant encore assez de choses à vous dire pour fournir la matiére d'un Entretien complet. Ainsi nous remettrons la suite au premier jour.

XIX. ENTRETIEN.

Des précautions qu'il faut prendre pour faire prospérer les Abeilles. Des Maladies des Abeilles ; leur mort naturelle.

EUGENE. JE dois achever aujourd'hui de vous entretenir des soins que nous devons prendre de nos Abeilles, pour tirer toute l'utilité possible des Ruches, & nous payer par nos mains des services que nous leur rendons. Un des premiers objets qui doivent nous intéresser au printems, c'est les essaims, ou en terme d'Abeille, les *jettons*. Il faut être attentif à leurs sorties, pour n'en perdre aucun. Vous avez vû comme on les recueille ; les attentions que l'on a pour leur rendre agréable la Ruche qu'on leur préfente. On ne doit pas les mettre indifféremment dans la premiére qui fe rencontre. Il eft bon d'en avoir de différentes capacités, & proportionner, autant qu'on le peut, les Ruches à la groffeur des effaims. Les Abeilles n'aiment point à être dans des demeures trop vaftes, elles ne s'y trouveroient pas affez chaudement. Des tems qui ne leur feroient pas nuifibles dans des Ruches étroites, les incommoderoient dans de grandes Ruches. Elles fe déplaifent auffi dans des Ruches trop étroites ; outre que la chaleur y deviendroit trop grande, elles manqueroient bientôt de place pour conftruire une quantité d'alvéoles proportionnée à leur nombre. Après que l'on a eu toute l'attention que l'on doit, pour prendre à cet égard les meilleures mefures, ce que l'expérience a bientôt appris, il

ne

ne laisse pas d'arriver souvent que les Abeilles se trouvent encore à la fin trop serrées. Cela arrive principalement aux bons paniers, à ceux où il se trouve une Reine extrêmement féconde, & dans une saison favorable. Car la multiplication prompte de ce petit peuple, son ardeur pour le travail, jointe à une récolte facile & abondante, l'ont bientôt mis en état de combler la Ruche de gâteaux. On s'en apperçoit par les gâteaux mêmes qui descendent jusqu'au bas, & touchent presque au plancher. Ce défaut, qui n'est qu'un excès d'abondance, se répare aisément, en donnant à ces paniers ce qu'on appelle une *hausse*. Ces hausses sont des cercles faits de la même matiére, & du même diamétre que le panier; ce sont comme des tronçons de Ruches, dont on éleve celle qui est devenue trop courte. Augmentant ainsi la capacité des Ruches, on met les Abeilles en état de continuer, & d'allonger leurs gâteaux.

Clarice. Je pense que cela doit aussi contribuer à leur faire jetter de forts essaims.

Eugene. Votre observation me fait voir que vous ne concevez pas encore ceci assez distinctement. Je parle de loger avantageusement les essaims. Or, les essaims ne donnent point, ou très-rarement d'autres essaims dans l'année. Il n'est donc point question de songer à les faire jetter, mais seulement de leur faire faire beaucoup de miel & de cire, & de les bien peupler, afin de les disposer à passer l'hyver plus chaudement. Il n'y a que les essaims de l'année derniére, ceux qui ont passé un hyver, qui jettent jusqu'à trois & quatre, quelquefois cinq essaims, & cela depuis la mi-Mai pour le plûtôt, jusqu'à la mi-Juin pour le plus tard. Je ne fçai fi je vous ai dit qu'un des fignes auxquels on reconnoît qu'une Ruche eft prête à effaimer pour la premiére fois de l'année, eft lorfqu'on voit paroître des mâles ou Fauxbourdons.

Clarice. Je me fouviens que vous me l'avez dit, mais fans m'en dire la raifon. Il faut que je vous dife celle que j'imagine, au hazard d'une correction, que je pourrai bien encore mériter. Puifqu'il vient un tems où l'on fe défait de tous les mâles, qu'on les extermine fans pitié, & qu'enfin il n'en doit refter aucun dans les Ruches qui doivent paffer l'hyver; fi on en voit paroître au printems, ils font donc le fruit d'une nouvelle ponte, & par conféquent un figne certain d'un effaim qui va paroître.

Eugene. Il n'y a rien à corriger dans ce raifonnement, il eft très-juste. Il ne me reste plus qu'une observation à vous faire par rapport à ces essaims. Il peut arriver, & sans doute il arrive fréquemment, qu'à peine sont-ils établis dans la nouvelle Ruche, le tems change, se met au froid, ou à la pluie, & y peut rester plusieurs jours; alors il ne leur est plus possible de sortir sans courir risque de la vie. Et cependant ils n'ont encore aucune provision de cire brute & de miel, il n'y a pas de quoi vivre au logis. Ainsi, soit que les Abeilles sortent, soit qu'elles restent, elles sont également menacées de la mort.

CLARICE. La situation est terrible. Cela fait une ville bloquée, & dépourvûe de vivres, une ville que la faim va réduire à la derniére extrémité, si vous n'avez la charité de jetter promptement des vivres dans la place.

EUGENE. J'ai pourvû à leur salut. Lorſque ce cas arrive, on ne doit point les laiſſer languir, mais avoir ſoin de porter dans ces Ruches des petites aſſiétes de miel, qu'on retirera auſſi-tôt que le tems remis au beau, leur permettra de ſortir. Paſſons aux eſſaims foibles, à ceux dont les Abeilles ne ſont pas en aſſez grand nombre pour peupler une petite Ruche. Lorſqu'une Ruche a eſſaimé deux ou trois fois, il eſt ſouvent à propos de l'empêcher de jetter un troiſiéme ou un quatriéme eſſaim, qui ne feroient qu'affoiblir la Ruche d'où ils ſortiroient. Les hauſſes dont je vous ai parlé ſuffiſent ordinairement pour arrêter ces ſorties. Les Mouches ſe trouvant plus au large, & moins incommodées de la chaleur, ne penſent plus à aller chercher mieux. Mais ſi l'on n'a pas pu venir à bout de les arrêter, c'eſt alors que l'on a recours à l'expédient de les marier. C'eſt une manœuvre qui demande d'être expliquée un peu plus en détail. Les Ruches qui ont déja donné un ou deux forts essaims, quelque fortes qu'elles fussent au commencement, deviennent des Ruches mal peuplées; & s'il en sort un troisiéme & un quatriéme, ces derniers sont ordinairement trop foibles pour être entretenus séparément. Le moyen le plus sûr pour conserver ces essaims, est, comme je vous l'ai dit, d'en réunir deux ensemble; & la façon la plus commode de faire ces mariages, est celle-ci. On prend la Ruche que l'on veut vuider, & on l'approche de celle à laquelle on veut joindre les Mouches qu'elle contient. Vous remarquerez que ces opérations qui doivent jetter du trouble parmi les Abeilles, doivent toujours se faire le soir ou le matin, dans les tems qu'elles sont engourdies. Ces deux Ruches étant l'une près de l'autre, on secoue la premiére fortement contre terre, ou sur une table, les Mouches tombent par pelotons; quand le peu de gâteaux qui y sont, tomberoient aussi, ils ne pourroient pas faire beaucoup de mal, ils sont encore trop petits & trop légers. On pose aussi-tôt la seconde Ruche sur le gros des Abeilles que l'on a fait tomber; peu de tems après, celles-ci y montent, & se joignent sans difficulté aux nouvelles compagnes qu'elles y trouvent établies, pourvû que dans l'un ou l'autre essaim il y ait une Reine.

Clarice. Ces moyens sont bien plus simples que je ne l'aurois imaginé. Sont-ce les mêmes pour chasser les Mouches d'une Ruche que l'on veut détruire, & pour les faire passer dans une nouvelle?

Eugene. Il faut sçavoir auparavant quels sont les cas où cette destruction est nécessaire. Je n'en connois que trois. Lorsque le corps de la Ruche est trop vieux, & que le tems l'a presque détruit; lorsque les fausses teignes se sont tellement emparées d'une Ruche, que les véritables propriétaires sont sur le point de la leur céder; & enfin, lorsqu'on ne veut plus multiplier le nombre de ses Ruches. La maniére la plus usitée de faire faire aux Abeilles un échange de demeure, est celle que je vais vous décrire. On renverse la Ruche dont on veut tirer les Abeilles. Il y a mille moyens que tout le monde peut imaginer, propres à faire tenir une Ruche renversée sur sa pointe. Cette Ruche renversée étant placée solidement, on la couvre d'une autre Ruche vuide, qu'on pose sur elle base contre base. Mais comme il est difficile que deux Ruches soient appliquées exactement par leurs

leurs bords inférieurs, & qu'on ne peut pas empêcher qu'il ne reste toujours beaucoup de trous dans toute la circonférence de leur jonction, par où les Mouches s'échapperoient ; on se dépêche d'enduire tout ce contour d'une couche de terre détrempée avec de la bouse de vache : & pour plus de solidité & de sûreté, on environne cet enduit d'une serviette ou nappe pliée en bandes, & bien arrêtée, formant une ceinture qui retient les Ruches assujéties. Les choses ainsi préparées, on frappe avec deux petites baguettes que l'on tient de chaque main, contre les côtés opposés de la Ruche inférieure. Ce bruit inquiéte les Abeilles, elles se mettent en mouvement, on les entend bourdonner, le bourdonnement va toujours en augmentant, jusqu'à ce que plusieurs se déterminent enfin à quitter une habitation renversée, où on ne les laisse pas tranquilles, pour passer dans la Ruche supérieure. Quand la mere Abeille est de celles qui se sont déterminées à y monter, elle est bientôt suivie par le plus grand nombre des Mouches; mais il ne lui arrive que trop souvent d'être paresseuse, ou tellement affectionnée à son ancien logement, que l'on battroit des heures entiéres, sans que les coups déterminassent les Abeilles à déménager. Cela se reconnoît en approchant l'oreille de la Ruche supérieure. Quand on entend bien du bruit dans celle-ci, c'est un signe certain que beaucoup de Mouches s'y sont rendues, & que la mere y est. Alors on peut séparer les deux Ruches l'une de l'autre. Mais si la mere Abeille ne quitte pas la Ruche de bonne grace, & qu'elle s'obstine à rester dans sa premiére demeure, j'ai trouvé un moyen prompt de finir cette contestation. Il n'y a qu'à agiter les deux Ruches à force de bras, autant qu'il est possible, sans les défunir. Cela détermine un nombre d'Abeilles à passer dans la Ruche vuide. Quelque petit que soit ce nombre, il suffit pour la faire devenir le logement de toutes les autres ; sur-tout si on sépare les deux Ruches, & que l'on porte sur le champ celle que l'on veut remplir à la place qu'occupoit auparavant celle que l'on veut vuider. Cette circonstance est essentielle. Dès que la premiére aura été placée, comme je viens de le dire, on étendra un drap par terre, on posera une planche dont un des bouts portera sur ce drap, & l'autre sur l'appui, & vis-à-vis la porte de la Ruche à remplir. Ensuite on secouera rudement l'ancienne Ruche sur le drap, pour en faire tomber toutes les Mouches obstinées. Ces Mouches tombées en tas, & se trouvant tout près de l'endroit où elles avoient coutume de se rendre, reconnoissent les lieux, & ne manquent pas de tourner vers ce même endroit : on les voit s'y rendre par bandes; la planche leur sert de pont pour y arriver. Si malgré tous ces soins, il se trouve encore des Mouches qui tiennent bon contre les secousses, on coupe les gâteaux, & avec les barbes d'une plume, on les balaie, & on fait tomber le reste des Abeilles sur le drap, ce qui les met dans la nécessité d'aller rejoindre les autres. Il y a encore une autre maniére de les faire déloger, dont on se sert communément à la campagne, c'est de les enfumer comme des Renards. Mais cet expédient, de la façon dont on l'exécute, est presque toujours funeste à un grand nombre de Mouches qui sont exposées à être brûlées, soit par la maladresse de celui qui conduit la fumée, soit parce que dans le trouble où cela les jette, elles vont elles-mêmes se précipiter dans le feu. Cependant comme cette maniére est la plus simple, & la plus commode de toutes, j'ai cherché à corriger ce qu'elle avoit de défectueux. Voici de quelle maniére je m'y prends. Je me munis d'abord d'une planche un peu plus grande que la base d'une Ruche; il faut qu'elle soit percée d'une quantité de petits trous au travers desquels les Abeilles ne puissent passer. Je pose cette planche sur un baquet, & sur la planche la Ruche dont je veux faire sortir les Abeilles. J'ai soin de boucher tous les trous par où les Abeilles pourroient s'échapper, je ne laisse ouverts que ceux de la planche. Lorsque tout est prêt, je fais au sommet de cette Ruche un trou d'un ou deux pouces de large, & aussi-tôt j'expose à l'embouchure de ce trou, la Ruche dans laquelle je veux faire passer les Abeilles; puis je mets au fond de mon baquet de vieux linges brûlans qui font beaucoup de fumée. La fumée montant, & traversant les trous de la planche, se répand dans la Ruche, y forme une nuée épaisse qui incommode & tourmente les Abeilles; celles-ci pour éviter d'être étouffées, montent au sommet, où trouvant une ouverture, elles en profitent pour échapper à la persécution de la fumée, & se sauvent dans la Ruche vuide qui se trouve à leur rencontre, & où il est facile de les retenir.

Clarice. Je fais bien plus de cas de ceux qui perfectionnent les Arts, que de ceux qui les inventent. J'ai oüi dire que l'invention des Arts est presque toujours un effet du hazard, mais que leur perfection est le fruit de l'étude, de l'application, & du génie. Cela posé, je conclus qu'il vous est dû bien des louanges, dont je vous régalerai quand il vous plaira.

Eugene. La louange est une fumée dont la plûpart des cerveaux humains se repaissent, & en prennent volontiers jusqu'à l'yvresse. Mais je vous demande grace pour le mien, que la plus légère vapeur étouffe, & qu'elle feroit sauver par un trou, comme les Abeilles que l'on fume.

Clarice. Je vous promets quartier sur cet article, pourvû que vous me disiez quelle est la matiére la plus propre pour faire des Ruches, & la forme qui leur convient le mieux.

Eugene. La matiére n'en est ni rare, ni précieuse. De l'osier, de la viorne, de la paille, des planches, un tronc d'arbre creusé, font les matériaux dont on se sert communément, & dont chacun a été adopté par préférence dans différens pays.

CLARICE. Je connois un pays où on emploie une matére d'un bien plus grand prix. Je lisois ces derniers jours, que les Anglois avoient dans les Isles Barbades plus de 400 piéces de canon, dont la plûpart ne servoient que de Ruches pour les Mouches à miel. * C'est-là ce qu'on appelle faire les choses solidement.

* Etat pol. de l'Europe, Tome V. 2. Part.

EUGENE. Comme je ne crois pas qu'une pareille solidité soit ici bien nécessaire, les Ruches que je crois les meilleures, sont celles qui sont faites de cordons de paille de seigle, comme sont les vôtres, & comme sont aussi celles qui sont le plus en usage dans le Brabant, & dans la Beauce.

CLARICE. Quelle est la raison de votre préférence?

Eugene. C'est que ces sortes de Ruches sont les plus propres à défendre les Abeilles contre le froid en Hyver, & l'excessive chaleur en Eté, parce qu'elles s'échauffent & se refroidissent plus lentement que les autres. Cette raison devroit suffire pour donner l'exclusion à celles de terre cuite dont on se sert en quelques endroits, & qui sont les plus mauvaises de toutes. Mais les plus parfaites à mon avis, sont celles qu'on fait d'écorces de liége, dans les pays où les liéges sont communs. Palladius, ancien Ecrivain de la Vie Rustique, les donne aussi pour telles. Voilà pour la matiére, quant à la forme, la figure la plus convenable aux Ruches, est d'être à peu près conique.

Clarice. Vous croyez peut-être que j'entends les langues étrangères ?

Eugene. Je reconnois ma faute. Je veux dire qu'elles doivent être faites en pain de sucre, mais un peu tronqué par son sommet. L'intérieur doit se terminer en voûte, afin que plusieurs gâteaux y soient attachés plus facilement. Si les Ruches sont faites de cordons de paille, ou d'autre matiére tissue qui peut n'être pas bien jointe, il est bon de revêtir l'extérieur de plâtre, ou d'autre lut équivalent, pour empêcher l'air & l'eau de les pénétrer, & épargner aux Abeilles le soin de les épalmer avec leur propolis.

Clarice. Cette derniére précaution me plaît fort; j'aime à épargner les peines de ceux qui me servent.

Eugene. On trouve presque toujours son compte à en agir de la sorte, & dans ce cas-ci le profit est visible, car le tems que les Abeilles mettroient à épalmer leur Ruche, elles l'emploieront à vous fabriquer de la cire. Une attention qui est encore bien importante, c'est de donner au Rucher, c'est-à-dire à l'endroit où sont toutes les Ruches, l'exposition la plus favorable. Le Rucher ne doit jamais être exposé au Nord. Le mieux est qu'il le soit au Midi, de maniére qu'il profite de bonne heure du soleil levant, & que le soleil couchant ne le quitte que le plus tard qu'il soit possible. S'il arrivoit cependant qu'on fût contraint de faire autrement, soit par la disposition du terrein, ou par celle des lieux, il faudra bien se contenter du Levant, ou du Couchant. Mais sur le tout, il faut un toit qui puisse tenir les Ruches à l'abri de la pluie, & des grandes ardeurs du soleil : car il y a des jours dans l'Eté, où le soleil seroit capable de fondre la cire, & de faire tomber les gâteaux. Ceux qui n'ont pas assez de Ruches, ou qui ne pourroient pas faire la dépense d'un toit commun, doivent au moins leur faire à chacune une couverture de paille bien épaisse. On ne sçauroit prendre trop de précautions pour conserver des animaux qui le méritent tant.

CLARICE. C'est mon sentiment. J'approuve fort tous ces soins qui tendent à les loger commodément. Mais un article qui n'est pas moins essentiel, c'est leur nourriture ; parlons-en, & délivrez-moi d'une inquiétude qui me tient depuis long-tems, tant par rapport à mes Mouches, que par rapport à moi-même. Je ne doute point qu'il n'y ait des fleurs qui soient nuisibles aux Abeilles, qu'elles n'aient leur cigue, comme nous avons la nôtre. Il en est d'autres, vous m'en avez nommé une, qui leur font un miel très-mal sain pour nous. Par la raison des contraires, il doit se trouver des fleurs plus utiles à la santé des Abeilles les unes que les autres, & des fleurs propres à faire des miels plus favoureux & plus salubres pour nous. Ainsi j'attends de vous un Dictionnaire des simples à l'usage des Abeilles. Vous voyez qu'il y va de ma santé, & un peu aussi de ma sensualité.

Eugene. Par complaisance pour l'une, & par l'intérêt que je prends à l'autre, je voudrois de tout mon cœur être en état de composer un pareil Dictionnaire; il vous seroit utile, & me feroit bien de l'honneur, car je crois que ce seroit le premier de son espéce; mais je ne sçais point faire des décisions au hazard. Nos connoissances sur cet article sont bien vagues. Je ne connois de fleurs que les Abeilles refusent, que celles de Sureau & de Rhue, je n'en connois point qui les empoisonne.

Il est vrai que nous trouvons des miels meilleurs les uns que les autres, nous en connoissons même d'extrêmement pernicieux pour nous. Mais de vouloir décider des dégrés de bonté, & de malignité de chaque fleur, je croirois l'entreprise téméraire. Je pense en général que les pays abondans en Thim, Serpolet, Jasmins, Romarins, Genets, & autres herbes odoriférantes, doivent donner un miel savoureux & balsamique, tel qu'étoit celui du Mont Hymette, dont les Grecs faisoient tant de cas, tel qu'est notre miel de Narbonne. Je crois que les fleurs de nos bleds de toute espéce, de nos légumes, de nos arbres fruitiers, font un miel moins agréable pour l'odeur, mais qui n'est pas moins propre, & peut-être meilleur pour nous procurer une bonne nourriture. A l'égard des plantes qui peuvent procurer au miel une qualité nuisible, je n'ai point d'expérience qui puisse me les indiquer. Mais je suis disposé à croire que la Jusquiame, les Titimales, la Cigue, & autres plantes, dont le suc est reconnu pour pernicieux, peuvent fort bien communiquer leur malignité au miel qui en seroit extrait. Ainsi je ne ferois aucune difficulté de faire arracher toutes ces mauvaises herbes des environs de mes Ruches.

CLARICE. Voilà leur arrêt prononcé. Il n'en paroîtra pas désormais dans toute l'étendue de mon Domaine. Après le logement, & la nourriture de nos petits Citoyens, songeons à leurs maladies, car ils en ont; mon Jardinier m'a souvent entretenue des pertes que la rougeole, & le devoiement avoient causé dans mes Ruches.

EUGENE. Je ne doute pas que vous n'ayez de la joie d'apprendre que la rougeole n'est qu'une maladie imaginaire. L'Abbé de la Ferriére qui a donné de fort bons préceptes sur la maniére de conduire les Abeilles, s'est trompé, comme bien d'autres, en traitant la rougeole d'une maladie très à craindre pour ces Mouches. Il dit que c'est *une espéce de miel sauvage, une matiére rouge, épaisse, qui n'emplit que la moitié des alvéoles ; qu'elle est plus amére que douce, qu'elle devient jaunâtre, & engendre des vers qui font périr les Mouches.*

CLARICE. Laissez-moi répondre à l'Abbé de la Ferriére, je me pique d'en sçavoir à présent assez pour le confondre. Dès qu'il suppose que la rougeole est une matiére qui engendre des vers, je nie tout son systême. Car une matiére inanimée n'engendre point.

EUGENE. Votre réponse est conforme à la raison, & à l'expérience.

ce. Mais ce n'est pas là tout ce qu'il y a de répréhensible dans ce que dit cet Auteur. Ce qu'il appelle du miel sauvage n'est point du miel, c'est de la cire brute, très-nécessaire pour la nourriture, & pour les ouvrages des Abeilles. Je vous ai dit autrefois que la cire brute conservoit la couleur des étamines des fleurs dont elle étoit formée; qu'elle étoit jaune, jaunâtre, blanche, quelquefois verte, quelquefois rouge. Ainsi ce qu'il appelle *Rougeole*, n'est que de la cire brute rouge, destinée à faire vivre les Abeilles, & non point à les rendre malades. Il n'en est pas de même du devoiement, c'est une maladie très-réelle, que quelques-uns attribuent au miel nouveau dont elles se nourrissent au printems, & dans des jours froids. Mais je crois plus vraisemblable que cette maladie tire son principe de ce que les Abeilles ont été réduites pendant un tems trop long à ne vivre que de miel, & que la cire brute leur a manqué. Il m'est arrivé plusieurs fois de donner le flux de ventre aux Abeilles que je ne nourrissois que de miel. *Vandergroen*, autrement *le Jardinier des Pays-Bas*, assure que le flux de ventre vient à celles qui manquent de pain, c'est ainsi qu'il appelle, & assez à propos, la cire brute.

Clarice. Comment accordez-vous cela avec ces pots de miel pur que vous laissez dans les Ruches des Abeilles pour passer leur hyver ?

Eugene. Il n'y a point de contradiction. Remettez-vous en mémoire que les Abeilles font provision de cire brute, aussi-bien que de miel, qu'elles ont des magasins de l'une & de l'autre nourriture; & puisque l'expérience nous a appris qu'il suffit de leur donner du miel pur pour suppléer à la disette qu'elles souffriroient dans les hyvers longs, nous en pouvons conclure que la provision de cire brute qu'elles ont faite, leur suffit, quelque long que soit un hyver, mais que celle de miel est promptement tarie. Cela nous conduit encore à penser que dans cette saison elles font infiniment moins de dépense en pain qu'en miel, quoique ce soit le contraire en Eté. Mais nous devons conclure aussi, de ce que le miel pur les incommode, que ce pain, quoiqu'en petite quantité, leur est absolument nécessaire, & que la privation de cet aliment est funeste pour elles.

CLARICE. Quels sont les symptomes de cette maladie? Quels en sont les effets? Quels sont les remédes?

EUGENE. N'attendez pas de moi une consultation en forme. Les Médecins d'Abeilles acquiérent leurs licences à trop bon marché, pour qu'on doive exiger d'eux quelque chose de plus que la simple expérience. Tout ce que je sçais de cette maladie se réduit à ceci. Les Abeilles dans leur meilleure santé, rendent le marc de leurs aliments en forme liquide. Lorsqu'elles sont ammoncelées dans leur Ruche, elles ont l'attention de se disposer de façon que leurs voisines n'en sont point gâtées. Tout tombe au bas de la Ruche. Mais le miel pur n'étant point pour elles une nourriture assez solide; quand elles en font un trop long usage sans y joindre leur pain, elles s'affoiblissent de plus en plus, & enfin jusqu'au point de ne pouvoir plus sortir de leurs Ruches, ni même se séparer les unes des autres. C'est alors que n'ayant plus la force de faire le moindre pas à l'écart, les supérieures laissent tomber sur les inférieures une matiére gluante & liquide qui les mouille, leur gâte les aîles, & leur bouche les ouvertures de la respiration, en termes de l'art, les stigmates. Celles qui ne seroient pas encore atteintes de cette maladie, périssent par l'attouchement de celles qui sont malades. Une expérience que j'ai faite à ce sujet vous mettra encore mieux au fait de cette maladie, de ses symptômes, & de ses effets. J'avois mis des Mouches dans une Ruche, sans leur laisser aucuns gâteaux, ni la liberté de pouvoir aller chercher à vivre dehors. Je leur donnai pour dédommagement du miel pur. Je leur en donnai d'abord sobrement, & je les conservai en vie pendant plus de trois semaines; mais je leur en donnai ensuite avec trop d'abondance, elles en mangérent trop, & bientôt elles eurent le dévoiement, elles se mouillérent les unes les autres ; au bout de quelques jours elles tombérent mortes, & auſſi mouillées qu'elles l'euſſent été ſi on les eût plongées dans une eau bien miélée.

CLARICE. Voilà une maladie très-ſérieuſe. Apprenez-moi au plûtôt quel reméde on y peut apporter ?

EUGENE. Le même Abbé de la Ferriére, dont je vous parlois tout-à-l'heure, a mieux rencontré au ſujet de cette maladie-ci, qu'au ſujet de la Rougeole ; il preſcrit une recette qui approche aſſez de pluſieurs autres qui avoient été imaginées avant lui ; c'eſt une demi-livre de ſucre, autant de bon miel, une chopine de vin rouge, & environ un quarteron de fine farine de fêve, le tout mêlé enſemble, que l'on préſentera aux Abeilles ſur une aſſiette. Ce reméde peut être bon, mais j'en ſçais un beaucoup plus ſûr &

moins composé. C'est de tirer d'une autre Ruche un gâteau dont les cellules soient remplies de cire brute, & de le donner aux Abeilles malades.

CLARICE. Je suis pour le vôtre. Ces Abeilles n'étant infirmes & languissantes que parce qu'elles manquent de la nourriture qui peut leur donner des forces, il est inutile d'avoir recours à des compositions, dont les doses sont presque toujours arbitraires, lorsque l'on a sous la main cette même nourriture qui est leur aliment naturel. Passons à quelqu'autre maladie, & pendant que nous y sommes, faisons notre cours entier de Médecine.

EUGENE. Il sera bientôt fait. La maladie dont je viens de vous parler, est la seule que je connoisse dont nos Abeilles soient affligées. Peut-être en ont-elles qui nous sont inconnues, mais certainement elles font rares, & l'on peut bien affirmer qu'elles ne se les attirent point par leur intempérance, ni par leurs débauches. Presque toutes les maladies qui attaquent notre vie, font les suites & la punition de l'abus que nous faisons des choses qui nous font données pour la conserver. Les Abeilles, fidéles aux loix de la Nature, renfermées dans les bornes qui leur font prescrites, ne souffrent d'autre dérangement dans leur constitution, que ceux qui font un effet des loix générales de l'Univers. Elles n'ont d'autre voie pour aller à la mort, que la vieillesse, & les accidens inévitables.

CLARICE. Ce mot de vieillesse me fait ressouvenir d'une question que je veux vous faire depuis long-tems. Quelle est la durée de la vie d'une Abeille qui a franchi tous les hazards qui auroient

roient pû en abréger le cours?

EUGENE. Il y a des Auteurs qui affirment qu'elles vivent dix ans, d'autres sept; l'Abbé de la Ferriére, un des plus intelligens d'entre eux, croit qu'elles ne passent pas un an. J'ai fait une tentative qui me fait pancher pour le sentiment de l'Abbé de la Ferriére. Cependant mon expérience n'ayant pas un dégré de certitude sur lequel je puisse fonder une affirmative, je pense que tout ce que l'on dit de la durée de la vie des Abeilles, est encore un fait bien incertain. S'il étoit possible de nourrir une Abeille en cage, comme on fait un oiseau, on pourroit parvenir à sçavoir ce qui en est; mais l'Abeille ne vit point séparée de son peuple. Les Ruches sont comme les villes qui se renouvellent tous les ans, & dont la durée est infiniment plus longue que celle des particuliers qui la composent. En un mot, je ne ferai point de difficulté de terminer l'histoire de la vie des Abeilles par vous avouer que j'ignore quel est le terme que la Nature leur a fixé. Je crois, Clarice, que vous en sçaurez présentement assez, pour faire dans vos terres la plus belle manufacture de cire du Royaume. J'aurois pû vous rendre compte de beaucoup de petites manœuvres, de divers usages & attentions que l'on apporte à l'entretien des Ruches. Mais ce qui vous reste à sçavoir, est connu des moindres paysans. L'Intendant de vos Abeilles, qui les gouverne depuis long-tems, peut vous en instruire suffisamment. Vous pourrez encore tirer beaucoup de lumiéres de divers livres qui ont été faits sur cette matiére. Je ne vous ai promis que l'Histoire naturelle des Abeilles. Je vous ai fait part de tout ce que j'en sçais. Joignez-y votre sagacité, votre intelligence, votre zéle pour le bien Public; vous voilà en état de porter l'art de faire prospérer & multiplier les Abeilles, à sa plus haute perfection.

Fin du Tome second.

TABLE
DES MATIÉRES
contenues dans cet Ouvrage.

Le Chifre Romain indique le Tome, le Chifre Arabe la Page.

A

ABEILLES. Ne font point de mal, quand on ne les inquiéte pas. *Tome* I. *Page* 13. Elles font de trois fortes, I. 26. Erreur des Anciens, au fujet de l'odorat des Abeilles, I. 14. Le repos des Abeilles, I. 18. *& fuivantes.* Defcription des Abeilles Ouvriéres, I. 67. Quelles font celles qui compofent un Effaim, I. 200. 201. A quoi l'on peut difcerner les jeunes des vieilles, II. 201. 202. Elles paroiffent fçavoir ce qui fe paffe dans le corps de leur Reine, fi elle eft fécondée, fi elle eft preffée de pondre, &c. I. 209. Les trois états par lefquels l'Abeille paffe depuis fa naiffance jufqu'à fa perfection, I. 259. Comment la Nymphe changée en Abeille, ouvre sa prison & en sort, I. 311. Elle n'est point aidée par ses compagnes. I. 313. Elles lui font des caresses aussi-tôt qu'elle est sortie, I. 314. 317. 319. Elles cessent tout travail pendant que l'on met à mort les Reines surnuméraires, I. 340. Elles peuvent être touchées par l'éclat de l'or, lorsqu'il est question de choisir une Reine, I. 345. Elles ont des heures différentes pour différens travaux, I. 370. Elles bouchent les fentes de leurs Ruches avec de la Propolis, I. 374. Lorsque l'Abeille entre dans la Ruche avec deux pelotes de cire, elle en est aussi-tôt soulagée par ses compagnes, II. 4. Repas précipités que les Abeilles font de cette cire. Pourquoi, II. 4. Lorsque le tems ne les presse pas, elles mettent leur cire dans des dépôts, II. 5. Description d'une Abeille qui emploie sa cire pour construire un Alvéole, II. 6. & 18. Elles emploient quelquefois les raclures qu'elles ont tirées des alvéoles réparés, II. 19. Preuve que les Abeilles ne tirent la cire qu'elles mettent en ouvrage, que de leur ventre, II. 11. & suiv. La cire brute est l'aliment propre des Abeilles, on l'appelle leur *Pain*, ou *Ambrosie*, II. 19. 20. Erreur de Swammerdam à ce sujet, II. 20. 21. Preuve du contraire, II. 22. Quantité prodigieuse de cire brute que mangent les Abeilles, II. 24. Calcul du nombre des voyages que les Abeilles font à la campagne pendant une journée, *ibid*. Poids des pelotes de cire qu'elles rapportent, II. 25. Au bout d'une année les Abeilles d'une Ruche en ont mangé plus de cent livres, II. 26. Description d'une Abeille qui mange du miel, II. 101. Elle a deux estomacs, l'un pour le miel, l'autre pour la cire, II. 105. Description de ces deux estomacs, II. 106. L'Abeille parcourt indifféremment toutes les fleurs, II. 110. Arrivée d'une Abeille à la Ruche pour y déposer son miel, II. 113. Comment elle peut remplir un alvéole de miel, sans que celui-ci coule dehors, II. 115. Comment elle le ferme après l'avoir rempli, II. 116. 121. Occupation des Abeilles ouvriéres dans la Ruche, II. 143. Elles préférent pendant les chaleurs le matin à l'après midi, pour faire leurs récoltes, II. 146. Fable de la petite pierre dont on dit qu'elles se chargent pour tenir bon contre l'orage, II. 148. Elles prévoient les mauvais tems, II. 149. Souvent elles diſtribuent à leurs compagnes en arrivant à la Ruche, le miel qu'elles rapportent, II. 154. Quelquefois on les arrête au paſſage pour leur faire dégorger leur miel, II. 155. D'autres Abeilles vont droit aux magaſins, II. 156. Comment les Mouches qui apportent la cire brute, l'empilent dans les magaſins, *ibid.* Calcul des voyages que font les Abeilles pendant une journée, II. 162. 163. Les Abeilles n'ont point de talens qui ſoient particuliers aux unes plûtôt qu'aux autres : le hazard diſtribue entr'elles les différens ouvrages, II. 166. Combien il faut d'Abeilles pour faire un poids de huit livres, II. 216. 217. C'eſt une barbarie mal entendue de faire mourir les Abeilles pour avoir leur cire, & leur miel, II. 278. De quelle façon on les fait mourir, *ibid.* Mauvaiſe raiſon que l'on allégue pour juſtifier ces meurtres, II. 279. Comment on doit partager avec elles la cire & le miel,

II. 283. Comment on peut les empêcher de sortir prématurément de leurs Ruches, II. 334. Tous les lieux ne sont pas également favorables pour nourrir les Abeilles. Quels sont ceux qui leur conviennent le mieux, II. 355. Comment on y peut suppléer par des voyages qu'on leur fait faire, II. 358. Quelles sont les fleurs qui conviennent le mieux aux Abeilles, II. 398. Leurs maladies, la rougeole, II. 399. Le devoyement, II. *ibid.* Le reméde, II. 405. 406. Leur mort naturelle, II. 408.

Accouplement de la mere Abeille, I. 186. & *suiv.*

Achem. La Reine d'Achem a un sérail d'hommes, I. 180.

Age. A quoi l'on peut connoître l'âge des Abeilles, I. 203. 315.

Aiguillon de l'Abeille, I. 96. Pourquoi la piquûre de l'Abeille lui cause la mort à elle-même, I. 99.

Alvéole. On en trouve d'imparfaits & demi-formés. Pourquoi, I. 209. Le premier objet que les Abeilles ont en vûe dans la construction d'un alvéole, c'est l'œconomie du terrain & de la cire, II. 28. Par quels moyens elles y parviennent, II. 29. Pourquoi elles ont choisi la figure hexagône plûtôt que toute autre, II. 33. Pourquoi les Alvéoles doivent êtrè fermés par des fonds pyramidaux,II.34. Description d'un alvéole, II. 35. & suiv. Comment elles vont à l'œconomie de la cire, en fabriquant ces petits édifices, II. 41. Comment les fonds des alvéoles opposés s'ajuftent enfemble, II. 44. Des fautes que les Abeilles font dans la conftruction de leurs alvéoles, II. 55. Comment elles les corrigent, II. 57. Elles fçavent s'accommoder aux lieux, II. 58. Elles mettent des cordons de cire à l'entrée des alvéoles pour les fortifier, II. 61. Comment elles les perfectionnent, & y mettent la derniére main, II. 62. Les alvéoles font un bien commun à toutes les Mouches d'une Ruche. Leurs différens ufages, I. 22. 23. Combien il y a d'alvéoles fur la furface d'un gâteau, II. 65. Un alvéole d'Abeille ouvriére a 2 lignes $\frac{2}{5}$ de diamétre, celui d'un mâle 3 lignes $\frac{1}{3}$ II. 65. 66. Comment un alvéole pourroit fervir de mefure commune par toute la terre, II. 67. Profondeur des alvéoles, n'a point de mesure déterminée, II. 71. Ceux qui servent de magasin à miel, sont beaucoup plus profonds que les autres. *Ib.*

Alvéole de Reine, II. 80. Description de cette espéce d'alvéole, II. 82. & 87. Un alvéole de Reine pése autant que 150 alvéoles ordinaires, II. 84. Comment un alvéole Royal est placé sur un gâteau, II. 85. Il est plus étroit enbas qu'en haut, II. 86. Comment les vers s'y peuvent tenir, II. 87. Ces alvéoles sont détruits aussi-tôt que les Reines sont nées, II. 89. Comment les Abeilles peuvent remplir les alvéoles de miel, sans que le miel s'écoule dehors, II. 115. Magasins pour conserver la nourriture journaliére, II. 119. Magasins fermés pour conserver celle qui est destinée pour l'hyver, II. 120. De quelle façon on les ferme. *Ibid.*

Architecture des Abeilles, II. 82.

Arraignée. N'est pas un ennemi bien dangereux pour les Abeilles, II. 234.

Attaches dont les Abeilles soutiennent les gâteaux, II. 79.

DES MATIERES.

B

Bestes. Du méchanisme des Bêtes, I. 347. 397. II. 47. 52. 56. 58. 99.

Bouche de l'Abeille, I. 91.

Bouillie. La nourriture du Ver de l'Abeille est une espéce de bouillie, I. 266. Celle des vers qui doivent devenir Reines, est d'un goût différent des autres, I. 271. Celle des Ouvriéres, I. 270. Ses différens goûts proportionnés aux différens âges, I. 272. 273. Ses différentes couleurs, I. 273. Son origine, I. 274.

Bourdonnement que l'on entend quand un essaim se prépare à partir, II. 170. & suiv.

Brosses que les Abeilles ont aux jambes, I. 76. & 81.

C

Chaleur d'une Ruche, est très-considérable, I. 246.

Chenille. Situation singuliére d'une Chenille, pour prendre son repos, I. 20. En quoi consiste la métamorphose des Chenilles, I. 250.

Cygale. D'où provient le chant de la Cygale, II. 177.

Cire. Où les Abeilles fçavent la trouver, I. 76. Comment elles la ramaffent, I. 79. Ce que c'eft, 78. Voyez *pouffiéres*. Elle eft fujette à être mangée par les Teignes, II. 242. Maniére d'augmenter confidérablement le commerce de la Cire, II. 339.

Combats des Abeilles, I. 125. & *fuiv.* Raifons qui les déterminent à ces combats, I. 132. Combats généraux, I. 138.

Corruption. Les Infectes ne naiffent point de corruption, I. 147. Opinions bizares des Anciens au fujet de la naiffance des Abeilles, I. 149. & *fuiv.*

Corneille. Chaffe aux Corneilles, I. 62.

Couver. Les Abeilles ne couvent point leurs œufs. Erreur des Anciens à ce fujet, I. 244.

Cuirs dorés. Comment on fait les cuirs dorés, I. 392.

D

DUEL de deux Abeilles, I. 125. 126.

E

EAU. Les Abeilles ont befoin de boire. Quelle eft la meilleure maniére de leur fournir de l'eau, II. 354.

Egypte. Comment on fait voyager les Abeilles en Egypte, II. 359. S. Cyrille & Isaïe en ont parlé avec peu d'exactitude, II. 360.

Eléphant. Comparaison de l'Abeille avec l'Eléphant, II. 22.

Ennemis des Abeilles, II. 226. Les ennemis des Abeilles sont de trois espéces, II. 228. *& suiv.*

Essaim. La Reine d'un essaim est toujours une jeune mere, I. 201. Lorsque l'essaim se partage au sortir de la Ruche, c'est un signe certain qu'il y a plusieurs Reines, I. 332. Petit bourdonnement qui se fait entendre la veille de la sortie d'un essaim, I. 170. Signes auxquels on connoît la sortie prochaine d'un essaim, I. 171. Ce que c'est que ce petit bourdonnement, II. 172. Imagination burlesque de Butler, au sujet de ce bourdonnement, II. 173. Par quel organe l'Abeille rend ce son, II. 175. 176. Les essaims ne prennent l'essor que sur le haut du jour, II. 179. Ce qui les détermine à sortir, II. 180. Dans quels mois de l'année ils sortent, II. 181. Tout travail cesse dans la Ruche à l'approche du départ d'un essaim, II. 182. Les Essaims ne sortiroient jamais, s'ils n'avoient une Reine à leur tête, II. 184. Il peut arriver qu'il manque une Reine pour la conduite d'un essaim, II. 185. Description d'un essaim qui sort de la Ruche, *ibid*. On leur jette du sable pour les obliger de se rabbaisser, quand ils s'élévent trop haut, II. 187. Essaim ramassé autour d'une branche d'arbre, *ibid*. Charivari avec des chaudrons, est une cérémonie fort inutile, II. 189. Fable des Espions & des Maréchaux-des-Logis, II. 193. Les essaims commencent à faire des gâteaux sur l'arbre même où ils s'arrêtent d'abord, II. 194. L'on peut fournir une Reine à un essaim qui en manqueroit, II. 196. Préparatifs que l'on donne à une Ruche avant que d'y introduire un essaim, II. 205. On y fait tomber les mouches avec un balai, II. 207. Toutes celles qui s'étoient égarées, se rassemblent, *ibid*. Elles s'obstinent quelquefois à retourner à l'arbre d'où on les a tirées, II. 208. Il faut garantir du soleil une Ruche où l'on vient de faire entrer un essaim, *ib*. Comment il faut faire lorsque les esfaims se perchent sur de hauts arbres, II. 209. Quelquefois les essaims retournent à l'ancienne Ruche. Dans quelle circonstance, II. 212. Ce que peut peser un fort essaim, II. 213. Combien il faut d'Abeilles pour faire un poids de huit livres, II. 217. Quels sont les meilleurs essaims, II. 218. Comment on peut peser les essaims, II. 219. A quoi on reconnoît que les Abeilles aiment la Ruche qu'on leur a donnée, II. 227. Les essaims ne jettent pas ordinairement la premiére année un autre essaim, *ibid.* Combien une Ruche jette d'essaims dans une année, II. 223. Valeur des essaims qui se succédent pendant une année, II. 343. Sur combien d'essaims on peut compter tous les ans, II. 344. Ils doivent être mis dans des Ruches proportionnées à leur grosseur, II. 376. Pourquoi l'apparition des Fauxbourdons est un signe prochain d'un essaim, II. 379. Précaution qu'il faut prendre pour des essaims nouvellement arrivés, & que le mauvais tems empêche d'aller à la campagne, II. 381.

Estomac. L'Abeille a deux estomacs; l'un pour le miel, l'autre pour la cire,

II. 105. Description de ces deux estomacs, II. 105. & 158.

Etamines des fleurs portent la poussiére qui est la vraie matiére à cire, II. 78. *Voyez poussiére.*

F

Fable des Guêpes & des Abeilles, II. 111.

Faim (*la*) est un fléau qui détruit bien des Abeilles, II. 292. Comment on peut les en garantir, II. 323.

Fauxbourdons sont les mâles parmi les Abeilles, I. 44. On en voit jusqu'à mille dans une Ruche pour le service d'une seule Reine, *ibid.* Dans quel tems ils paroissent, *ibid.* Description des Fauxbourdons, I. 45. Leur vie, & leurs priviléges, I. 46. Ils n'ont point d'aiguillon, I. 47. Ils finissent toujours par une mort tragique, I. 48. Leurs cellules sont plus grandes que celles des autres Abeilles, I. 321., & bouchées différemment, I. 322. Preuve de leur sexe, I. 175. Raison pour laquelle ils sont presque insensibles à l'amour, I. 192. Carnage que l'on en fait. *Voyez massacre.*

Fécondation, Comment se fait la fécondation

tion des fleurs, I. 78. Celle de la mere Abeille. *Voyez Reine.*

Fêtes. Erreur de ceux qui ont cru que les Abeilles avoient des jours de fêtes & des jours ouvriers, II. 160. Que le tems de la ponte de la Reine étoit un tems de fêtes, I. 211.

Filiére. Organe avec lequel l'Abeille file de la soie, I. 279.

Fourmis. Malgré l'opinion commune, les Fourmis ne sont point nuisibles aux Abeilles, II. 235. Elles peuvent vivre en société avec elles, II. 236.

Froid (le) est un fléau pour les Abeilles, qui en fait périr un grand nombre, II. 292. Comment on peut les en garantir, II. 319. Que la plûpart des Insectes peuvent soutenir la faim, & des froids très-rigoureux, II. 295. Quel degré de froid les Abeilles peuvent soutenir, *ibid.* Comment un froid trop doux les conduit à la famine, II. 297. Un froid trop rude les fait périr, II. 299. *Voyez Ruches.* Elles sçavent se précautionner contre ces deux fléaux, *ibid.* Comment elles se tiennent dans les Ruches pendant l'hyver, II. 314. L'on peut pendant ce tems-là les prendre à poignée, sans craindre leur pi-

Tome II. N n

quûre, II. 315. Elles paroissent quelquefois comme mortes. Comment on peut les faire revenir, *ibid.*

G

Gateau. Les Abeilles en font plusieurs à la fois, II. 73. Elles y ménagent des trous pour passer d'un gâteau à l'autre, II. 74. Irrégularité de ces gâteaux, II. 76. Comment elles réparent ce défaut, II. 78. Comment elles attachent & étaient ces gâteaux, pour en prévenir la chûte, II. 79. Situation des gâteaux dans la Ruche, I. 21.

Génération des Abeilles, I. 179.

Grand Duc. Edit d'un Grand Duc pour défendre de tuer les Abeilles, II. 282.

Guêpes & Frêlons; grands ennemis des Abeilles, II. 230. Ce qui les excite à courir sur les Abeilles, II. 233.

Guirlande. Les Abeilles se pendent en groupe, ou en guirlande pour se reposer, I. 18. 23.

H

Hausse. Ce que c'est que les hausses que l'on donne aux Ruches, & pourquoi, II. 277.

DES MATIERES.

Homme aux Mouches du P. Labbat, I. 30.

Huile d'olives n'est point, comme on l'a cru, un reméde contre les piquûres des Abeilles, I. 116. Autres remédes enseignés qui ne valent pas mieux, I. 121.

Hommages & respects que les Abeilles rendent à leur Souveraine, I. 214. Soins qu'elles lui rendent dans les calamités publiques, I. 219.

Hyrondelles ne font point un grand ravage d'Abeilles, II. 229.

I.

Inscription à mettre sur les Ruches, II. 122.

Insectes. Nous pouvons prolonger ou raccourcir à volonté la vie des Insectes, I. 289. & *suiv*. Pourquoi nous ne pouvons pas jouir de ce privilége, I. 299.

L

*L*ANGUE de l'Abeille, I. 91. Langue universelle pour se faire entendre de tous les peuples, II. 69.

Limaçon collé par des Abeilles contre un carreau de verre, avec leur Propolis, I. 395. II. 228.

M.

MARIER des Ruches, II. 304. 382.

Magasins à miel, II. 110. Les uns sont destinés à contenir le miel pour la nourriture journaliere, II. 119. & d'autres fermés pour contenir celui que l'on garde pour l'Hyver, *ibid.*

Mâles des Abeilles. *Voyez Fauxbourdons.*

Massacre des Reines surnuméraires, I. 325. *& suiv.* Massacre des mâles, I. 350. On les laisse vivre six semaines, I. 351. Raison de ce répi, I. 352. Carnage effroyable de ces mâles, I. 354. Dans quels mois se font ces carnages, I. 355. On fait le même traitement à des Vers d'Abeilles étrangers, I. 357. Il y a des cas où les Abeilles traitent de même les Vers nés parmi elles, *ibid. & suiv.* Il arrive quelquefois que des mâles échapent au carnage, & passent l'Hyver dans la Ruche, I. 365.

Méchanisme des bêtes. *Voyez Bêtes.*

Mesure. Un alvéole peut servir d'une mesure universelle, II. 68.

Métamorphose des Insectes. En quoi confifte, I. 248. & *suiv*. Erreur des Anciens à ce sujet, I. 251.

Miel. Les Abeilles le puisent au fond des fleurs, I. 85. La rosée & la pluie sont très-contraires au miel, II. 94. Origine du miel, *ibid*. Il acquierre sa perfection dans le premier estomac de l'Abeille, *ibid*. & 105. C'est dans son estomac qu'elle le rapporte à la Ruche, I. 97. Description d'une Abeille qui mange du miel, II. 98. 100. Usage du miel par rapport à la santé, II. 124. Grande estime qu'en faisoient les Anciens, *ibid*. Pensées de deux fameux Médecins au sujet du miel, *ibid*. Pourquoi le miel est déchu de son crédit, II. 127. Quel est le meilleur, II. 128. Histoire d'un miel qui rendit malade toute l'armée de Xénophon, II. 130. Tentative pour faire faire aux Abeilles du miel avec du sucre pur, II. 132. Il y a des miels de plusieurs couleurs, blanc, jaune, & même vert, II. 134. Combien il faut de miel pour nourrir une Ruche pendant l'Hyver, II. 337.

Mouches. Trois espéces de Mouches, dont l'une porte ses œufs dans le cerveau des Moutons, II. 266. & 268.

Une autre dans le gosier des Cerfs, II. 270. Et l'autre dans le fondement d'un Cheval, II. 271.

Moineau grand mangeur d'Abeilles, II. 227. 228.

Mulot, ou Souris de campagne, ennemi des Abeilles, II. 238. 329. Comment on peut en garantir les Abeilles, II. 330.

N.

NYMPHE est le second état de l'Abeille au sortir de son œuf, I. 259. Quelle est la différence entre Nymphe & Crysalide, I. 260. Comment le ver de l'Abeille se change en Nymphe, I. 287. & la Nymphe en Abeille, *ibid*. Combien de tems la Nymphe reste enfermée, I. 288. Position d'une Nymphe Royale dans son alvéole, I. 320.

O.

ODEURS. Erreur des Anciens qui prétendoient que les Abeilles ne pouvoient supporter les odeurs fortes, I. 14. Incertitude sur ce que l'on peut appeller bonne ou mauvaise odeur, I. 16.

DES MATIERES.

Œufs des Abeilles. Ovaire de la mere Abeille, I. 167. Nombre des œufs qu'une Abeille porte dans son corps, I. 173. Combien elle en pond par jour, I. 229. Description de cet œuf, & de sa position dans l'alvéole, I. 238. Il est colé par un de ses bouts au fond de l'alvéole, I. 241. Les Abeilles ne les couvent point, I. 245. En trois ou quatre jours un œuf est pondu & éclos, I. 247. Moyen de conserver les œufs toujours frais, pendant un grand nombre d'années, I. 307.

Ours. Il n'est point vrai que l'Ours se fasse piquer par les Abeilles pour se dégraisser, I. 112.

P.

Palette triangulaire est une cavité qui se trouve à chacune des jambes postérieures de l'Abeille, où elle empile la cire qu'elle ramasse à la campagne, I. 82.

Palais de la Reine Abeille. *Voyez Alvéole.*

Pierre. Fable de la petite pierre, dont on dit que les Abeilles se chargent contre le vent, II. 148.

TABLE

Piquûres. Les Abeilles ne piquent point ceux qui ne les agacent pas, I. 13. Les piquûres des Abeilles font funestes, & redoublées à un certain point, elles peuvent donner la mort aux plus grands animaux, I. 113. Ces piquûres ne font point également douloureuses en tout tems, I. 109. Il n'y a point de reméde contre ces piquûres, I. 115. & *suiv.* Il y a des perfonnes à qui ces piquûres ne font aucun mal, I. 120. Il eſt avantageux d'arracher promptement l'aiguillon lorſqu'on a été piqué. I. 122.

Poids d'un bon eſſaim, II. 213. Des pelotes de cire, II. 25.

Ponte de la mere Abeille, I. 195. Elle met au monde un peuple entier avec fon chef, I. 196. *Voyez Reine.*

Poux des Abeilles, II. 239.

Poumons de l'Abeille, & des Inſectes, I. 70. & *suiv.*

Pouſſiéres des étamines des fleurs eſt la vraie matiére à cire, c'eſt de la cire brute, I. 77. & *suiv.* & 398. Différentes couleurs de ces pouſſiéres, I. 79. Tems propre pour voir l'Abeille faire tomber ces pouſſiéres avec ſes broſſes, I. 80. 81. Expériences qui prouvent

prouvent que ces poussiéres sont la vraie matiere à cire, I. 399. Quelle préparation les Abeilles leur donnent pour devenir de la cire proprement dite, I. 402. & suiv. Description d'une Abeille qui avale de la cire brute, I. 408. La cire une fois mise en œuvre n'est plus d'aucun usage pour les Abeilles, II. 8. Les pelotes de cire brute sont de plusieurs couleurs, mais la cire une fois façonnée est toujours blanche, II. 14. Elle se noircit dans les Ruches. Pourquoi il y a des cires qu'on ne peut blanchir parfaitement, II. 15.

Propolis, I. 376. 377. Elle est en usage dans la Médecine, *ibid*. Son origine est inconnue, I. 378. Description de la Propolis, I. 379. Pourquoi les Abeilles la préférent à toute autre matiére pour épalmer leurs Ruches, I. 381. Elles ne peuvent souffrir que nous colions du papier aux fentes de leurs Ruches, elles l'arrachent pour y substituer leur Propolis, I. 382. Quand une Abeille apporte de la Propolis à la Ruche, ses compagnes viennent l'en débarrasser, I. 384. Sur quel endroit de leur corps elles chargent la Propolis, I. 387. Description d'une Abeille qui se charge de Propolis, I. 388. La Propolis est bonne pour faire des vernis & dorer, I. 391. Les Abeilles s'en servent pour embaumer les Insectes qu'elles ne peuvent porter hors de leur Ruche, I. 394. Limaçon qu'elles colent contre un carreau de verre, I. 395. 396.

Q.

QUERELLES des Abeilles. *Voyez* Combats. Querelle pour obliger une Abeille à livrer le miel qu'elle rapporte de la campagne, I. 143.

R.

REINE Abeille. On en trouve quelquefois plusieurs, mais elle doit être unique pendant la plus grande partie de l'année, I. 27. Perte d'une Ruche où manque une Reine, *ibid*. Deux exemples de l'admirable attachement des Abeilles ouvriéres pour leur Reine, I. 30. Moyen de se faire suivre par toutes les Abeilles d'une Ruche, *ibid*. Fable des Anciens au sujet de la Reine, I. 34. Sa prodigieuse fécondité, I. 38. Description d'une Reine Abeille, *ibid*.

DES MATIERES. 435
Difficulté de la rencontrer, I. 39. Son aiguillon, I. 40. Elle sçait en faire usage, I. 42. Raison pour laquelle elle s'en sert rarement, I. 43. Sa conduite avec tous ses maris, I. 162. Ses amours, I. 179. Le lieu où elle s'accouple, I. 181. Le tems de son accouplement, *ibid.* Accouplement, I. 182. *& suiv.* Raison pour laquelle elle fait les avances, I. 192. Comment elle peut être appellée la mere de son peuple, I. 205. A quel âge elle devient mere, I. 207. Description d'une Reine qui pond, I. 213. Hommages & respects qu'on lui rend, I. 214. Fable du rideau que les Abeilles forment devant elle pendant sa ponte, I. 216. *& suiv.* Du choix qu'elle fait des alvéoles pour y déposer ses œufs, I. 226. Elle sçait de quelle espéce seront les œufs qu'elle va pondre, I. 227. Combien elle pond d'œufs par jour, I. 229. Singularité qui lui est propre de conserver dans son corps des œufs fécondés depuis plusieurs mois, I. 231. Elle pond quelquefois plusieurs œufs dans le même alvéole, I. 242. Elle n'en agit pas ainsi avec les œufs d'où doivent sortir les Reines, I. 244. La Reine ne va

O o ij

jamais aux champs : elle eſt ſûre de trouver dans la Ruche tout ſon néceſſaire, I. 319. Elle met au jour ſept ou huit, & juſqu'à vingt femelles : raiſon de cette multiplicité, I. 326. Les Anciens ont connu la multiplicité des Reines, qu'ils appelloient Rois, & ont forgé des fables à ce ſujet, I. 327. Sentiment d'Ariſtote & de Virgile, I. 328. Ridicule deſcription de ces Rois par Alexandre de Montfort, I. 330. Des Reines ſurnuméraires, I. 326. Pluſieurs ſuivent un eſſaim, & pluſieurs reſtent dans la Ruche, & toutes à la réſerve d'une ſeule, ſont maſſacrées, I. 327. 332. *& ſuiv.* Meurtre de deux Reines, I. 339. 340. Ce qui contribue au choix de la Reine conſervée, I. 341. La primogéniture eſt une des raiſons de ce choix, I. 343. Par qui les autres ſont miſes à mort, I. 349. Dans quel tems, I. 350. Une Reine qui ſort de la Ruche avec une eſſaim, eſt en état de perpétuer l'eſpéce dans le jour même, I. 352. Il arrive quelquefois qu'il ſe trouve deux Reines dans une Ruche, I. 365. Arivée d'une Reine dans une Ruche nouvelle, II. 141. On peut fournir une Reine à des essaims qui en manqueroient : expériences à ce sujet, II. 196. & suiv. L'espérance seule d'avoir bientôt une Reine leur suffit pour les déterminer au travail, II. 202.

Repos des Abeilles, I. 18. situation singuliere d'une Chenille pour prendre son repos, I. 19.

Ruches vitrées sont commodes pour observer le travail des Mouches, I. 10. Une Ruche contient communément jusqu'à dix-huit mille Abeilles, *ibid*. Les Ruches peuvent durer huit ou dix ans, & même trente, II. 281. Dans quel tems on les taille, II. 286. Quels sont les gâteaux qu'il faut couper, II. 288. Il faut être attentif à ne pas couper les gâteaux qui contiennent du couvain, II. 289. L'air des Ruches comparé à celui d'une sale, II. 302. Chaleur d'une Ruche connue par le moyen du Thermométre, II. 305. Pourquoi des Ruches qui ont passé l'Hyver périssent de froid au Printems, II. 309. Les Abeilles meurent de froid par un froid qui est doux pour nous, II. 310. Pourquoi ce même degré de froid ne les fait pas mourir lorsqu'elles sortent au Printems, II. 313.

Comment on peut faire pour garantir les Ruches du froid, II. 318. Moyen efficace de les garantir du froid & de la faim tout-à-la fois, II. 322. 323. C'est de les renfermer dans de vieux tonneaux, II. 323. 324. ou entre des clayes où on les enterre, II. 327. Pourquoi il faut que la terre soit séche, II. 332.

Profit d'une Ruche par an, II. 347. moyen de faire passer les Mouches d'une Ruche dans une autre, II. 384. Autre moyen par la fumée, II. 388. Quelle est la matiere la plus propre pour faire des Ruches, II. 391. La figure qui leur convient le mieux, II. 394. Leur meilleure exposition, II. 395.

S.

SENTIMENT naturel n'est pas aisé à déterminer. Exemples, I. 134. & suiv.

Sexe. Les fleurs portent les deux sexes, I. 78. Sexe des Abeilles. Sentimens des Anciens à ce sujet, I. 157. 158. Sexe de la mere Abeille démontré par l'Anatomie, I. 164. Preuve que les Abeilles ouvriéres n'ont point de sexe,

DES MATIERES. 439
I. 176. Preuve de celui des mâles, I. 175.

Soie. Le Ver de l'Abeille file de la soie, I. 279.

Serres. Les Serres ne sont pas suffisantes pour garantir les Abeilles du froid, II. 322.

T.

Teignes de la cire. C'est une Chenille qui fait des ravages prodigieux parmi les gâteaux de cire, II. 242. Histoire de cette Teigne, II. 245. & suiv.

Thermométre. Il est bon d'en mettre un dans les lieux où l'on garde les Ruches, pour connoître la température de l'air qui convient aux Abeilles, II. 334.

Trompe des Abeilles, I. 89. Elle n'est point un canal, mais une langue qui lappe, I. 93. Elle est même une seconde langue, II. 103.

V.

Vie. Nous pouvons prolonger ou raccourcir à volonté la vie des Insectes, I. 289. Pourquoi nous ne pouvons pas en faire autant pour nous, I. 299.

Vieilleſſe de l'Abeille à quoi ſe connoît I. 315.

Vieillards tués par charité, I. 136.

Venin des Abeilles, I. 105. Expériences qui en prouvent la force & la malignité, *ibid. & ſuiv.*

Ver, eſt le premier état de l'Abeille au ſortir de ſon œuf, I. 259. 261. Deſcription de ce Ver, I. 262. Le Ver de l'Abeille file comme le Ver à ſoie, I. 264. Sa nourriture, I. 266. Les Abeilles ouvriéres ſont ſes nourrices, I. 267. De quelle façon elles lui apportent à manger, *ibid.* Comment on nourrit les Vers qui doivent devenir Reines, I. 270. Leur bouillie eſt différente de celle des autres, I. 271.

Swammerdam a tâté quel goût pouvoient avoir les Vers des Abeilles, I. 275. Dans quel tems les Abeilles ceſſent de leur apporter à manger, I. 277. Elles les enferment dans les alvéoles, *ibid.* Ces Vers enfermés tapiſſent leurs alvéoles de ſoie, I. 278. Uſage de cette toile de ſoie, I. 279. On trouve ſouvent beaucoup de ces toiles formées de pluſieurs couches, I. 280. Ver Royal, I. 319. Comment il peut tenir dans un alvéole renverſé, II. 87.

Ver-à-soie. Sa métamorphose, I. 252. L'on peut prolonger à volonté la vie d'un Ver-à-soie, comme de beaucoup d'autres Insectes, I. 296. Si c'est leur rendre service que de prolonger leurs jours. Raisons de douter, I. 300. *& suiv.*

Voyages des Abeilles. *Voyez Egypte.* Comment on peut les faire voyager par terre, II. 367. Calcul du nombre des Voyages que les Abeilles font à la campagne pendant une journée, II. 24.

Y.

Yeux des Abeilles, I. 49. Description des yeux des Insectes, I. 49. 50. Ils en ont plusieurs milliers, I. 52. Comment avec tant d'yeux ils peuvent voir les objets simples, I. 55. Toutes les Mouches ont outre cela trois autres petits yeux sur la tête, I. 55. 56. Raison de cette multiplicité d'yeux, I. 56. Mouches rendues aveugles, I. 60.

Fin de la Table des Matières.

APPROBATION.

J'AI lû par ordre de Monseigneur le Chancelier un Manuscrit, qui a pour titre : *Les Entretiens d'Eugene & de Clarice*, ou *Histoire Naturelle des Abeilles*, & j'ai crû qu'on pouvoit en permettre l'impression. A Paris, le 7. Fevrier 1743. MAUNOIR.

PRIVILEGE DU ROI.

LOUIS, PAR LA GRACE DE DIEU, ROI DE FRANCE ET DE NAVARRE : A nos amés & féaux Conseillers les Gens tenans nos Cours de Parlement, Maîtres des Requêtes Ordinaires de notre Hôtel, Grand-Conseil, Prévôt de Paris, Baillifs, Senéchaux, leurs Lieutenans Civils, & autres nos Justiciers qu'il appartiendra, SALUT. Notre bien amé le Sieur BAZIN, Correspondant de l'Académie Royale des Sciences, nous a fait exposer qu'il désireroit faire imprimer & donner au Public un Ouvrage qui a pour titre : *Les Entretiens d'Eugene & de Clarice*, ou *Histoire Naturelle des Abeilles*, *avec des Figures*, s'il nous plaisoit de lui accorder nos lettres de privilége pour ce nécessaires : A CES CAUSES, Voulant favorablement traiter l'exposant, nous lui avons permis & permettons par ces presentes de faire imprimer ledit Ouvrage en un ou plusieurs Volumes, & autant de fois que bon lui semblera, & de les faire vendre & débiter partout notre Royaume, pendant le tems de *neuf* années consécutives à compter du jour de la date desdites Présentes ; Faisons défenses à toutes sortes de personnes, de quelque qualité & condition qu'elles soient, d'en introduire d'impression étrangere dans aucun lieu de notre obéissance. Comme aussi à tous Libraires, Imprimeurs, & autres, d'imprimer, faire imprimer, vendre, faire vendre, & contrefaire ledit Ouvrage, ni d'en faire aucun extrait sous quelque prétexte que ce soit, d'augmentation, correction, changemens, ou autres, sans la permission expresse & par écrit dudit Exposant, ou de ceux qui auront droit de lui, à peine de confiscation des Exemplaires contrefaits, & de trois mille livres d'amende contre chacun des contrevenans, dont un tiers à nous, un tiers à l'Hôtel-Dieu de Paris, & l'autre tiers audit Exposant, ou à celui qui aura droit de lui, & de tous dépens, dommages, & intérêts. A la charge que ces Présentes seront enregistrées tout au long sur le Regiftre de la Communauté des Libraires & Imprimeurs de Paris, dans trois mois de la date d'icelles. Que l'impression dudit Ouvrage sera faite dans notre Royaume & non ailleurs, en bon papier & beaux caracteres, conformement à la feuille imprimée attachée pour modéle sous le contre-scel desdites Présentes. Que l'Impétrant se conformera en tout aux Réglemens de la Librairie, & notamment à celui du dixiéme Avril mil sept cens vingt-cinq; & qu'avant que de l'exposer en vente, le Manuscrit qui aura servi de copie à l'impression dudit Ouvrage, sera remis dans le même état où l'Approbation y aura été donnée, ès mains de notre très-cher & féal Chevalier le Sieur DAGUESSEAU, Chancelier de France, Commandeur de nos Ordres; & qu'il en sera ensuite remis deux Exemplaires dans notre Bibliothéque publique, un dans celle de notre Château du Louvre, & un dans celle de notredit très-cher & féal Chevalier le Sieur DAGUESSEAU Chancelier de France : le tout à peine de nullité des Présentes. Du contenu desquelles Vous mandons & enjoignons de faire jouir ledit Exposant & ses ayans cause pleinement & paisiblement, sans souffrir qu'il leur soit fait aucun trouble ou empêchement. Voulons que la Copie desdites Présentes qui sera imprimée tout au long au commencement ou à la fin dudit Ouvrage, soit tenue pour duement signifiée, & qu'aux copies collationnées par l'un de nos amés & féaux Conseillers & Secretaires, foi soit ajoutée comme à l'Original. Commandons au premier notre Huissier ou Sergent, de faire pour l'exécution d'icelles, tous actes requis & nécessaires, sans demander autre permission; & nonobstant clameur de Haro, Charte Normande, & Lettres à ce contraires. Car tel est notre plaisir. Donné à Paris le vingt-huitiéme jour du mois de Juin, l'an de grace mil sept cens quarante-trois, & de notre Regne le vingt-huitiéme. Par le Roi en son Conseil.

Signé, SAINSON.

Regiſtré ſur le Regiſtre de la Chambre Royale des Libraires & Imprimeurs de Paris, N. 204. fol. 170. conformément au Réglement de 1723. qui fait défenſe, art. IV. à toutes perſonnes de quelque qualité qu'elles ſoient, autres que les Libraires & Imprimeurs, de vendre, débiter & faire afficher aucuns Livres pour les vendre en leurs noms, ſoit qu'ils s'en diſent les Auteurs ou autrement. Et à la charge de fournir à ladite Chambre Royale & Syndicale des Libraires & Imprimeurs de Paris huit Exemplaires preſcrits par l'art. CVIII. du même Réglement. A Paris le 1. Juillet 1743. Signé SAUGRAIN, *Syndic.*

FAUTES A CORRIGER.

TOME PREMIER.

Page xvj. à *la Table des Entret.* lig. 24. 235. *liſ.* 325.
91 *l.* 23 pouvez, *liſ.* pourrez.
54 *l.* 11 trente mille, *liſez* ſeize mille.
85 *l.* 22 des reſervoirs, *liſ.* les reſervoirs.
90 *l.* 1 du deſſus, *liſ.* du deſſous.
169 *l.* 7 pendus, *liſ.* pondus.
280 *l.* 12 la briſer, *liſ.* le briſer.
346 *l.* 20 de fecondité, *liſ.* de la fecondité.
359 *l.* 13 & 14 à penſer, en matiere de cruauté; *ponctuez ainſi*; à penſer, en matiere de cruauté.

TOME SECOND.

Page 9 *l.* 22 sRuche, *liſ.* Ruches.
100 *l.* 18 pe, je tiens; *ponctuez* pe. Je tiens.
126 *l.* 17 les doivent, *liſ.* le doivent.
131 *l.* 24 Chamœrododeuros, *liſ.* Chamœrododendros.
159 *Effacez à la marge* Planche X. Fig. 3.
199 *l.* 19 jel a, *liſ.* je la.
262 *l.* 20 du corps, *liſ.* du camp.
267 *l. derniere* L eſeul, *liſ.* le ſeul.
334 *l.* 22 ruche, *liſ.* rucher.
348 *l.* 17 dégoutante, *liſ.* degoutante.
249 *l.* 12 qui ne procederoit, *effacez* ne.
392 *l.* 6 matére, *liſ.* matiere.

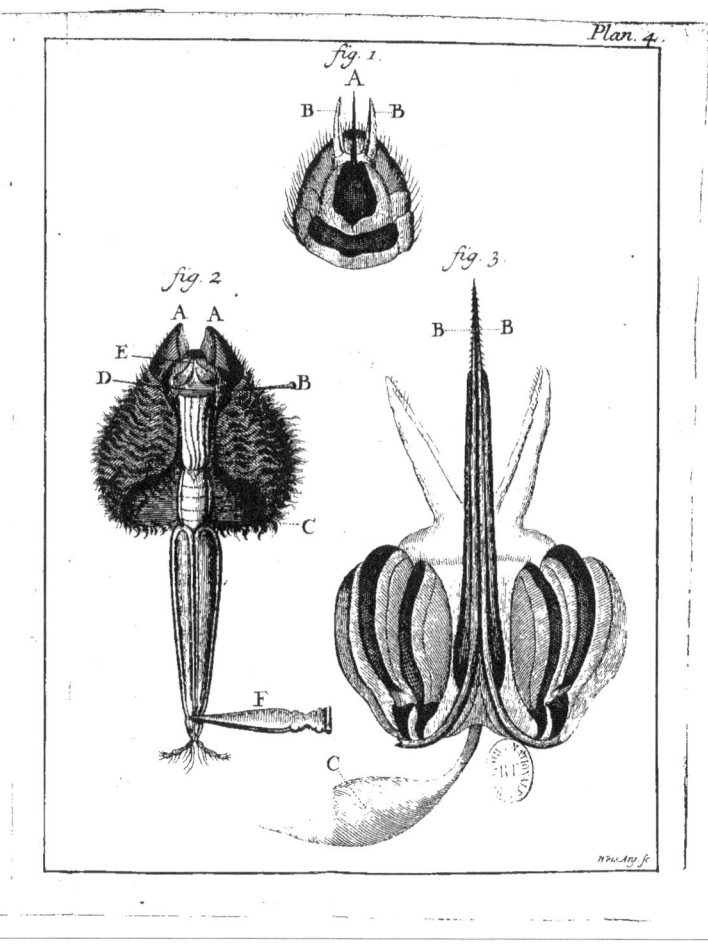

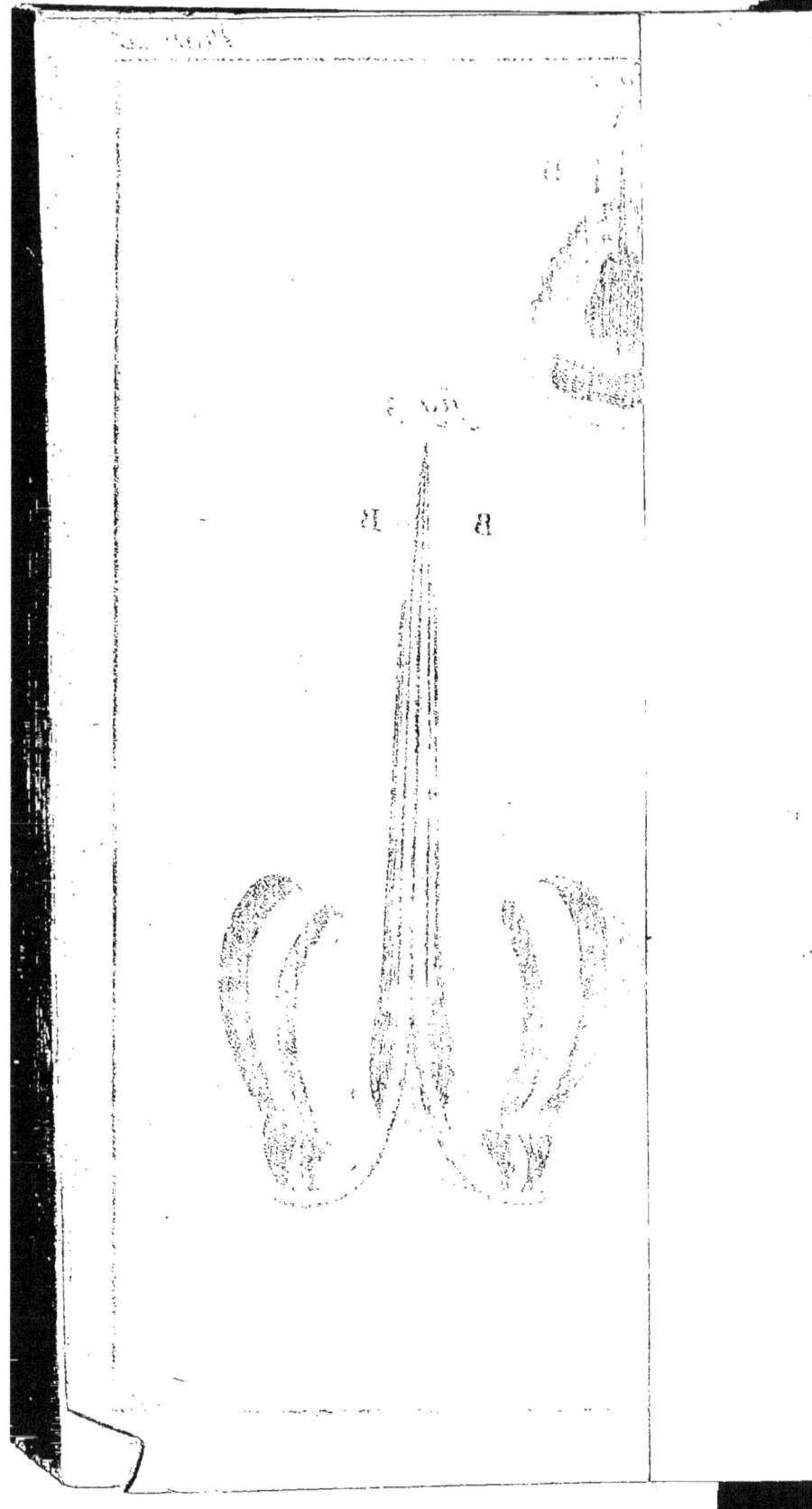

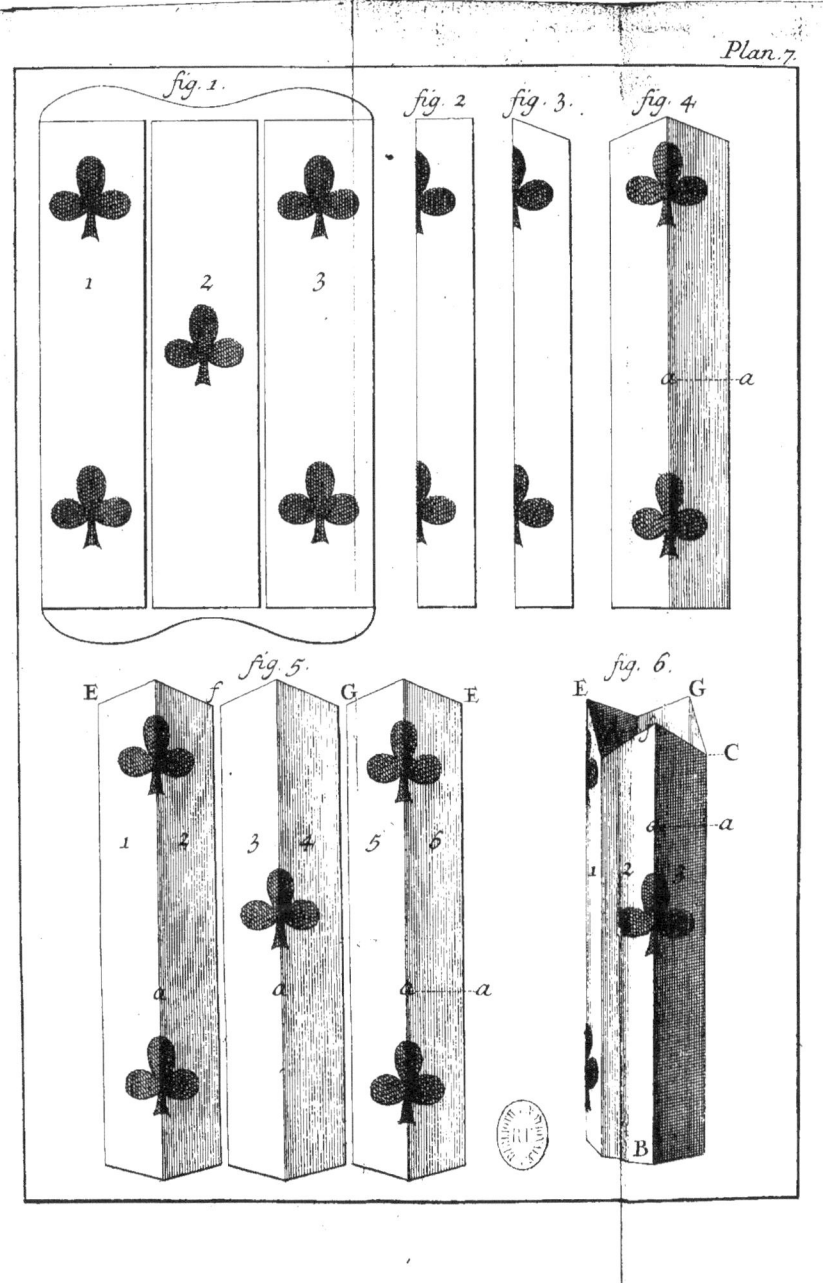

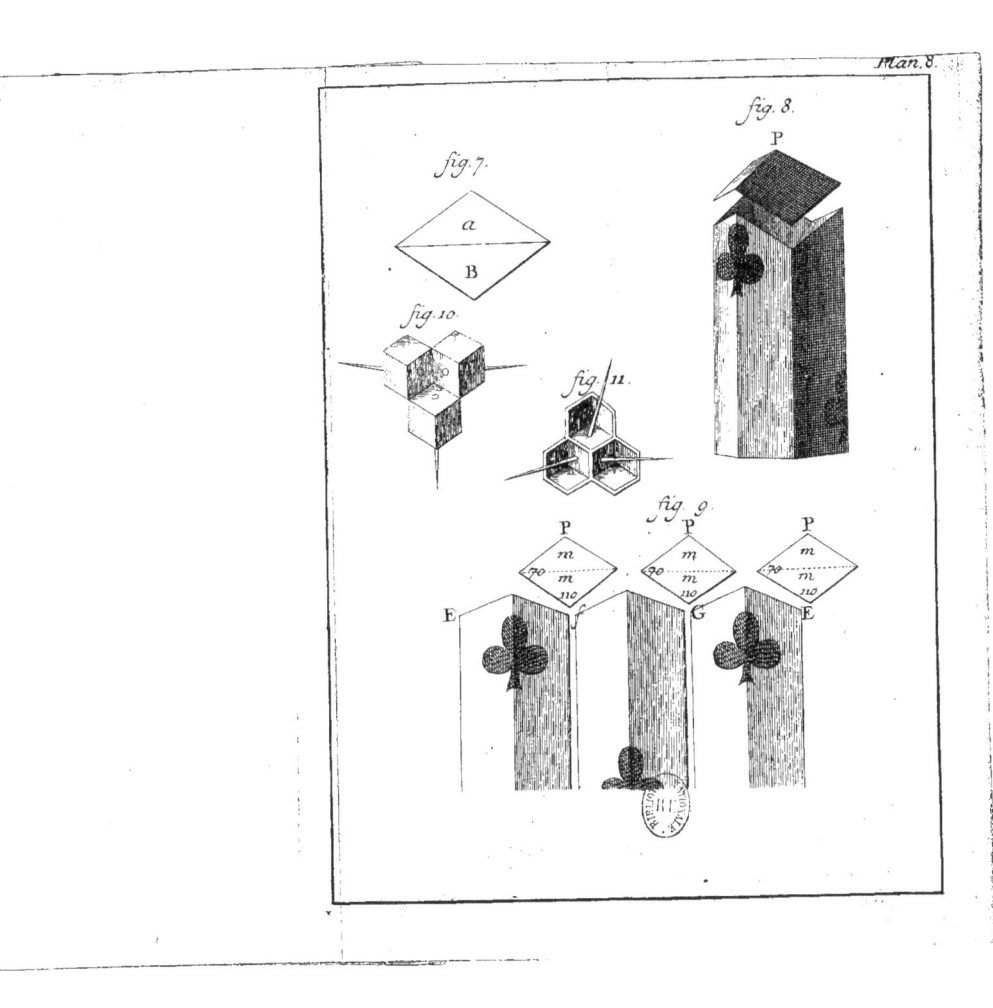

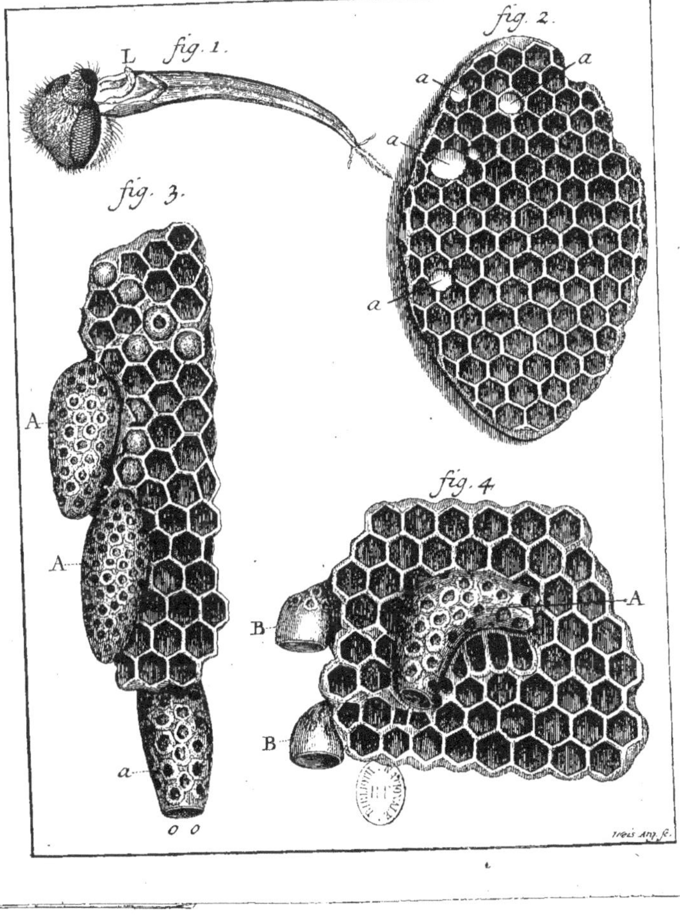

Plan. 9.

fig. 1.
fig. 2.
fig. 3.
fig. 4.

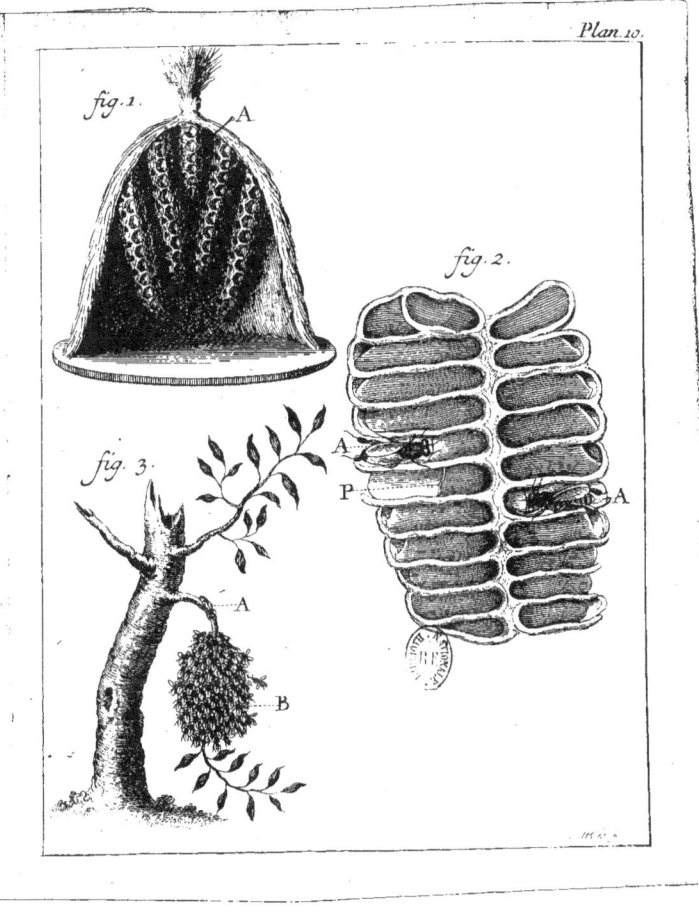

Plan. 10.

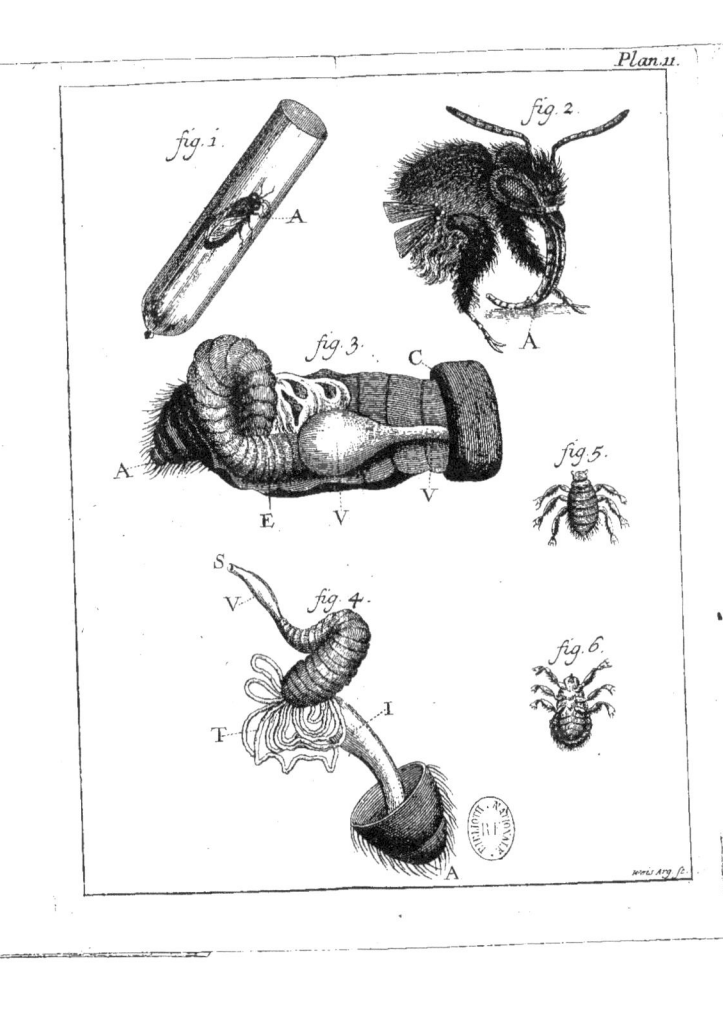

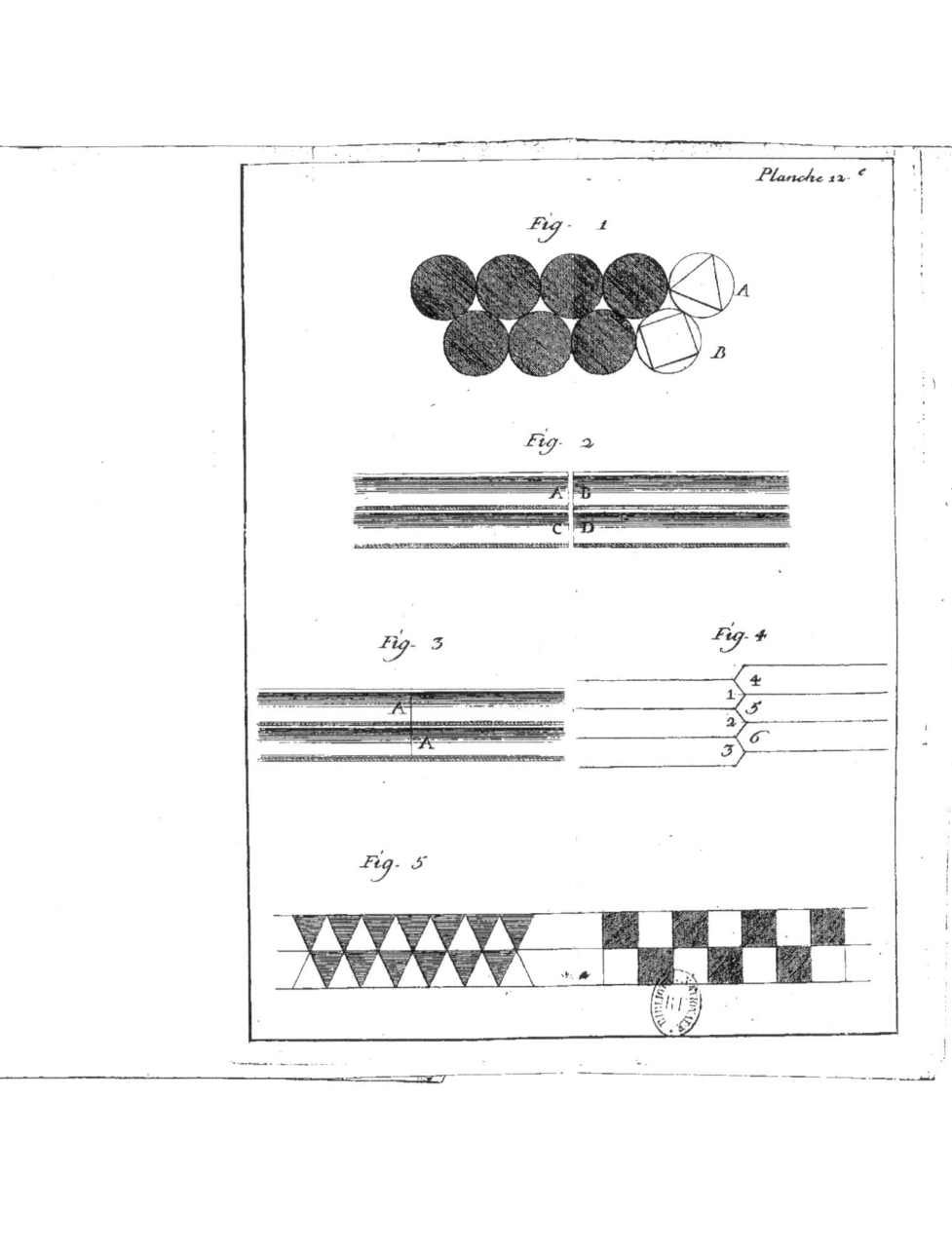

www.ingramcontent.com/pod-product-compliance
Lightning Source LLC
Chambersburg PA
CBHW072111220426
43664CB00013B/2081